FPS가 더욱 즐거워지는 총기의 기본

총기의 세계

SMALL ARMS BASICS
for First-person shooter

>>> CONTENTS

표지 모델 : 모리모토 료마
표지 사진 : 다마이 히사요시
의장 : Ghost(Ghost in the Dark)
HK416 작례 : 구니야 다다노부
뒤표지 사진 : SHIN, 사쿠라이 도모나리, 스다 가즈

》》 게재 상품 관련 문의

LCT
https://lctairsoft.com/

캐럼샷
http://www.caromshot.com/

킨와
e-mail : sales@kinwa-co.jp

글로벌 트레이딩
TEL : 06-6646-0750

KSC
https://ksc-guns.co.jp/

쇼에이
http://www.shoeiseisakusho.co.jp/

다나카
https://tanaka-works.com/

도쿄 마루이
https://www.tokyo-marui.co.jp/

노블 암즈
https://novelarms.co.jp/

VFC
https://www.vegaforce.jp/

화이트하우스
https://www.wh-t.jp/

UFC
http://ufcairsoft.jp

LayLax
https://www.laylax.com

※본서에 기재된 가격은 특별한 설명이 없는 한, 세금 포함 가격입니다.
※본서에 게재된 사진은 실총 및 모델건을 사용한 것입니다.

≫ 머리말

최근 E-스포츠의 보급에 힘입어 FPS나 소셜 모바일 게임 등, 총기가 등장하는 게임을 이전에 비해 훨씬 쉽게 접할 수 있게 되었다. 흔히 총기 마니아라고 불리는 부류의 사람이 아니더라도 총기를 볼 기회가 많아진 덕에 총기 초심자면서도 "총기의 이름이나 생긴 모습을 알고 있어!"라고 하는 분도 많아진 것 아닐까.

하지만 그런 한편으로 이름이나 형태에 대해서는 알아도 "총기는 어떤 식으로 다루는 것일까?" 혹은 "총은 어떤 식으로 작동하는 것일까?", "○○라는 총은 어떤 배경으로 개발된 것일까?" …라는 등의 총

기에 관한 이모저모에 대해서는 잘 모르는 분 또한 많을 것이다. 이런 부분은 흥미를 갖고 찾아보는 것을 통해 습득하는 것이므로 지극히 당연한 일이다. 하지만 막상 맘먹고 찾아보려고 하면 전문 용어가 잔뜩 나오거나 해설이 복잡하거나 해서 초심자가 바로 이해하기에 허들이 높다고 하는 것이 바로 총기의 세계다. 모처럼 흥미를 갖게 된 분들이 제대로 따라가지 못해 떠나는 것은 한 사람의 총기 마니아로서 정말 슬픈 일이라 할 것이다.

본서는 게임 등을 통해 총기에 흥미를 갖게 된 초심자 여러분들을 위하여 기본

이 되는 지식을 가능한 한 알기 쉽게 해설하여 총기의 세계를 좀 더 즐길 수 있도록 하는 것을 목적으로 하고 있다. 이 책을 집어든 독자 여러분들의 지적 호기심을 만족시켜드릴 수 있다면 정말 기쁘겠다.

그리고 이 책을 통해서 총기의 세계가 지닌 재미를 느끼고 보다 깊은 흥미를 가질 수 있게 된다면 이보다 더 기쁜 일은 없을 것이다.

PHOTO : 사사가와 히데오

PHOTO:SHIN

총기의 종류 〉〉〉〉〉〉〉〉〉

총의 종류는 크게 나눠 '핸드건(권총)'과 '라이플(소총)'으로 나뉜다. 이를 사용하는 탄약이나 용도별로 다시 분류하면 소총은 '어설트 라이플(돌격소총)', '스나이퍼 라이플(저격소총)', '경기관총', '산탄총' 등으로 구분할 수 있다. 그리고 대부분의 권총은 자동권총과 리볼버라는 두 가지 범주로 분류가 가능하다.
총이라고 하는 것은 대단히 많은 종류가 존재하며, 이들 대다수가 용도에 따라 분류된다. 근거리에서 중거리까지 다양한 상황에서 성능을 발휘할 수 있는 '돌격소총'이나 원거리 저격에 적합한 '저격소총' 등, 총기는 각 범주마다 다른 특징이 있다. 여기서는 총기의 종류와 그 특징에 대해 해설하고자 한다.

≫ Assault Rifle/돌격소총

돌격소총은 중간 크기의 소총탄을 사용하는 총기로, 대표적인 것으로는 미군의 M4A1이나 러시아군의 AK74M 등이 있다. 돌격소총은 다양한 환경이나 상황에 적응할 수 있는 범용성이 높아, 현대의 전장에서 가장 일반적인

M4A1

AK74M

총기이며 세계 각국의 군대 및 법집행기관에서 사용하고 있다. 군용 소총의 경우, 단발 사격을 실시하는 반자동(세미 오토매틱)과 방아쇠를 당기고 있는 동안 연사가 이뤄지는 전자동(풀 오토매틱)이라고 하는 두 가지 모드를 상황에 맞춰 사용할 수 있기에 근~중거리에서 제압 능력을 발휘한다. 또한 장탄수도 20~30발로 많은 편이므로 지속 사격도 용이하며, 반동도 비교적 적어 다루기 용이한 소총이기도 하다.

≫ Sub Machine Gun/기관단총

9mm 파라벨럼탄 등과 같이 권총용 탄약을 사용하는 기관단총은 근거리에서의 순간적인 화력 투사에 특화된 총기이다. 권총탄을 사용하기에 소총보다 관통력은 낮지만 기관단총은 높은 발사속도로 사격이 가능하기 때문에 근거리에서 탄환을 마구 뿌려 적을 압도할 수 있다. 또한 권총탄을 사용하는 덕분에 반동이 적다는 이점이 있어, MP5A5와 같은 고성능 기관단총은 인질을 방패로 삼은 흉악범만을 제압하는 정밀사격도 가능하다. 관통력이 낮기에 2차 피해를 내는 일이 적고, 노린 대상만을 정확히 맞춰야 하는 법집행기관의 특수부대 등에서 기관단총을 많이 사용하고 있다.

MP5A5

>> Sniper Rifle/저격소총

7.62mm X 51 NATO탄처럼 풀 사이즈인 소총탄을 사용하는 저격소총은 최대의 사거리와 강력한 파괴력을 아울러 갖춘 것이 특징이다. 돌격소총에 비해 총열이 길고 원거리 사격에 특화되어 흔히 '스코프(망원조준경)'라고 불리는 사격용 광학기기를 사용하는 것이 많다. 배율이 높은 망원조준경과의 조

SVD 드라구노프

합에 따라서는 1km 이상 떨어져 있는 표적도 저격할 수 있는 성능을 지닌 것이 많아, 전 세계의 군과 법집행기관에서 사용하고 있다. 저격소총은 오랜 기간 동안을 수동으로 장전과 탄피 배출을 실시하는 볼트액션 방식의 총기가 주류를 차지했으나, 근래에 들어서는 반자동 모델들이 대두하게 되면서 속사가 가능한 모델이 채택되는 경우가 늘고 있다.

>> Shot Gun/산탄총

M870

AA-12

산탄총은 '셸' 또는 '샷셸'이라는 탄약에 들어 있는 산탄을 발사하는 총이다. 샷셸 안에는 화약 외에 팰릿(작은 납구슬 알갱이)이 여러 개 들어있어, 발사되면 이 구슬들이 확산되며 날아간다. 샷셸을 1발 발사하면 권총탄과 거의 같은 위력을 지닌 여러개의 팰릿이 넓은 범위에 착탄하기에 근거리에서는 높은 파괴력과 제압력을 발휘한다. 그 반면, 팰릿은 탄도가 불안정한 탓에 원거리의 표적은 맞추기 어렵고, 위력 감쇠도 크다. 때문에 산탄총은 근거리에서 사용하는 것이 바람직하다고 한다. 산탄총은 군대나 법집행기관 외에 수렵, 클레이 사격 등, 다양한 용도로 사용되고 있으며, 수동으로 포어 엔드를 움직여 장전과 배출을 실시하는 펌프액션식과 자동적으로 장전과 탄피 배출이 이뤄지는 반자동 방식이 주류를 이루고 있다.

>>> Light Machine Gun/경기관총

M249 MINIMI

경기관총은 분대지원화
기라고도 불리는 강력한
기관총이다. 완전 자동으
로 사격하는 것을 전제로
설계되어 있어, 강력한 소
총탄을 높은 발사속도로
연사할 수 있다. 경기관총
은 대부분의 모델이 탄약
을 금속제 벨트로 연결한
탄띠식이라 불리는 방식의 급탄기구를 갖추고 있어, 경기관총의
측면에 연결된 탄약이 밖으로 노출되어 있다. 이 기구를 통해 탄
띠가 계속 이어져 있는 한, 계속 연사가 가능한데 실제로는 800

발 정도 사격하면 총신이 뜨겁게 달아올라 쏠 수 없게 되므로
경기관총은 간단하게 총열을 갈아 끼울 수 있는 것이 많다.
또한 차량에 탑재하여 사용하는 외에 휴대용 탄창을 장착하
여 보병이 휴대할 수도 있게 되어 있어, 군에서는 1개 분대
(10명 전후의 부대 단위)에 1~2정의 비율로 배치된다.

>>> Hand Gun/권총

>>> Automatic Pistol/ 자동권총

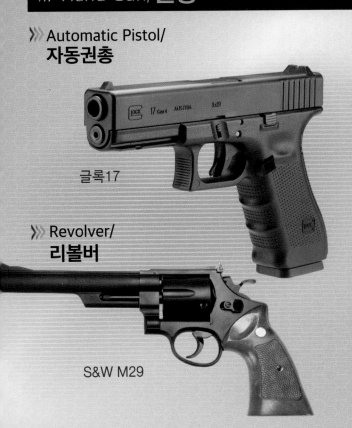

글록17

>>> Revolver/ 리볼버

S&W M29

주로 권총탄을 사용하며, 한 손으로도 사격할 수 있는
소형 총기는 권총이라는 범주로 분류된다. 권총에는 사
격 반동을 이용하여 탄피 배출과 장전이 이뤄지는 세미
오토매틱 방식(자동권총)과 실린더라 불리는 회전식 탄
창을 사용하는 리볼버라는 두 종류가 있으며, 각기 다른
특징을 지니고 있다. 자동권총은 대표적인 총기로 글록
17이나 M1911A1 거버먼트가 있는데 7~20발 정도의
대용량 탄창을 사용, 연속으로 사격할 수 있어, 다루기가
편리하기에 군이나 법집행기관의 제식 권총으로 운용되
고 있는 외에 미국과 같은 국가에서는 일반인들의 자기
방어 무기로도 인기가 높다.
리볼버는 장탄수가 5~8발 정도로, 사격 시에 독특한
특징이 있어 초심자가 사격하기는 조금 어렵다. 자동권
총보다는 장탄수가 적어서 현대의 군 및 법집행기관의
주류는 아니지만, 구조가 간단하고 신뢰성이 높기에 강
력한 매그넘 탄약을 쓸 수 있는 총기가 있는데, 대표적인
총기로는 .44 매그넘탄을 사용하는 S&W M29나 .357
매그넘탄을 사용하는 콜트 파이슨 등이 있다. 매그넘탄
을 사용하는 리볼버는 강력한 위력을 지니고 있어 사냥
등에 사용되기도 한다.

총기의 각 부위 명칭과 역할

PHOTO：SHIN

》》 총은 복수의 부품으로 구성되어 있다

총기에는 역할이 다른 여러 부품이 들어가 있으며 이 부품들이 맞물려 움직임으로써 사격이 이뤄지게 된다. 게다가 탄약의 급탄이나 장전 시에 조작하는 부품도 많기에 각 부위의 명칭과 부품들이 맡은 역할을 이해하지 못하면 총을 조작하는 것을 어렵게 느낄 수밖에 없다. 이러한 이유 때문에 일본 자위대의 경우에는 입대 후, 가장 먼저 '총의 각 부위 명칭의 암기와 안전관리강습'이라는 교육을 실시한다. 하지만 이것은 비단 자위대에만 국한

된 얘기가 아니며 총기의 본고장이라 할 수 있는 미국에서도 택티컬 트레이닝을 수강할 경우, 처음 몇 시간을 진득하게 '총기의 각 부위 명칭과 구조 이해, 안전관리강습'이라고 하는 교육을 받게 된다. 사격장에서 이뤄지는 훈련에서는 강사가 내리는 지시를 꼭 따라야만 하기에 만약 '탄창을 제거하고 슬라이드를 당겨라'라는 지시를 받은 수강자가 '탄창'과 '슬라이드'라고 하는 부품의 명칭을 이해하지 못하고 있으면 폭발이나 오발 사고 등으로

이어질 위험이 있기에 이러한 교육은 필수라 할 수 있다. 하지만 독자 여러분이 꼭 군사 교육을 받거나 할 것은 아니기에 본서에서는 지식으로서 즐길 수 있는 범위 내에서 총기의 각 부위 명칭과 역할에 대해 소개하고자 한다. 어렵다고 생각하지 말고 차근차근 읽어주시면 감사하겠다.

≫각 부위 명칭(좌측면)

1 **소염기**
2 **총열 덮개**
3 **탄창**
4 **조정간**
5 **개머리판**
6 **장전 손잡이**
7 **노리쇠 멈치**(재장전 시에 누르면 노리쇠를 전진시킬 수 있다)
8 **탄창 삽입구**(탄창을 끼우는 입구)

PHOTO : SHIN

1 소염기

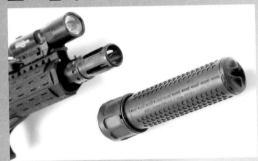

소염기는 격발 시에 총구에서 뿜어져 나오는 화염을 분산시켜 사수의 시야를 차단하는 것을 방지하는 부품이다. 여러 가지 형태가 있으며, 화염과 가스를 배출시키는 포트의 형태에 따라 총기 취급의 편의성이 달라지기도 한다.

2 총열 덮개

총열 덮개는 소총을 사격할 때 사수가 격발하는 손의 반대쪽 손으로 쥐고 총기를 안정시킬 수 있도록 하는 부품의 명칭이다. 총열 덮개가 가늘수록 손으로 잡고 총기를 제어하기 편하며, 반대로 굵을 경우, 손으로 다 감싸지 못해 다루기 까다롭다. 총열 덮개에는 플래시 라이트 등의 액세서리를 장착하기도 하기에 20mm 레일이라 불리는 요철이 달려 있거나 M-LOK, 키 모드라고 하는 액세서리 장착용 슬릿이 있는 제품들이 많고, 현재는 샤프한 형상에 여러 기능을 갖춘 것이 주류이다.

3 탄창

탄창은 총기의 생명이라 할 수 있을 정도로 중요한 부품 중 하나다. 탄창은 화약(장약)과 탄환이 일체화된 금속제 원통인 약협을 수용하는 용기로, 사진과 같이 약협이 두 줄로 좌우 교대하듯 차곡차곡 수납된다. 탄창 바닥에는 강력한 스프링이 있어 총기 본체에 탄창을 결합한 뒤, 사격을 실시하면 이 스프링이 새로운 약협을 밀어올려 장전을 보조하게 된다. 탄창에 고장이 발생하면 총기 자체에 잼(장전 불량 및 고장)이 다발하기에 프로들은 탄창을 조심해서 다룬다. FPS 게임 등에서는 땅바닥에 내던지거나 하지만, 현실에서는 긴급 상황이 아닌 한, 하지 않는 행위이다.

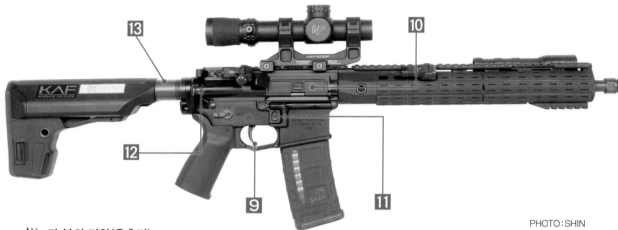

PHOTO : SHIN

≫ 각 부위 명칭(우측면)

9 **방아쇠**(이곳을 손가락으로 당기면 탄환이 발사된다)

10 **탄피 배출구 & 먼지 덮개**
(발사 후, 빈 탄피가 배출된다. 사격 시 이외에는 이물질이 들어가지 않도록 덮개로 닫아둔다)

11 **탄창멈치**(탄창을 제거할 때 누르는 버튼)

12 **노리쇠 전진기**(노리쇠를 강제로 전진시켜 노리쇠를 폐쇄시키는 버튼)

13 **버퍼 튜브**(개머리판과 총 본체를 이어주는 접속부. 내부에는 노리쇠를 작동시키는 스프링이 수납되어 있다)

4 조정간

조정간은 총의 기능 전환을 위한 장치이다. 앞서 '총기의 종류'에서 설명한 바와 같이 군용 총기에는 반자동과 완전 자동의 두 기능이 갖춰져 있는데, 반자동은 단발 사격 기능으로 방아쇠를 한 번 당길 때마다 1발씩 탄환이 발사될 뿐이지만, 완전 자동의 경우에는 방아쇠를 당기고 있는 한, 탄환이 연속으로 계속 발사된다. 보통 FPS나 건 액션 게임에서는 완전 자동만으로 사용하는 일이 많지만, 현실의 전장에서는 유탄(Stray bullet)에 아군이 맞을 위험이 있기에 반자동으로 적을 확실히 노리고 쏘는 경우가 훨씬 많다.

5 장전 손잡이

장전 손잡이란 탄창에서 약실에 탄약을 밀어넣을 때 조작하는 부품으로, T자형의 봉 모양 부품이다. 장전 손잡이는 노리쇠라 불리는 M4 돌격소총 내부의 부품과 맞물려 있어, 뒤로 당기면 연동하여 노리쇠도 후퇴하며, 당겼던 손을 놓으면 노리쇠가 스프링의 힘으로 자동 전진, 탄창에서 탄약 1발을 끌어올려 약실에 장전한다. M4 돌격소총은 장전 손잡이를 조작해서 장전 작업을 하지 않으면 총을 발사할 수 없기에 대단히 중요한 부품이라 할 수 있다.

≫ 레밍턴 M870/산탄총

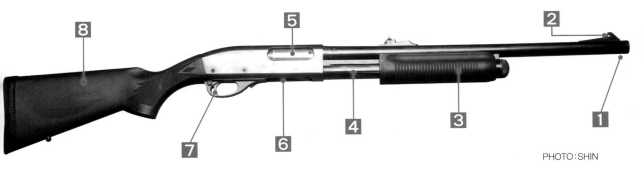

PHOTO:SHIN

≫ 각 부위 명칭

1 **초크**(총열 안쪽에 장착하는 총구 부품. 교환하여 산탄이 확산되는 범위를 조정할 수 있다)
2 **가늠쇠**
3 **포어엔드**(격발하는 손의 반대쪽 손으로 감싸쥐고, 후퇴전진시켜 탄피배출·장전을 실시한다)
4 **관형 탄창**(샷셸이 수납되는 관 모양의 탄창)
5 **탄피 배출구**
6 **급탄구**(여기를 통해 샷셸을 급탄한다)
7 **방아쇠**(방아쇠 바로 뒤에는 버튼식 안전장치가 있다)
8 **개머리판**(손잡이와 일체형인 대형 개머리판)

샷셸을 사용, 한 차례의 사격으로 복수의 산탄을 발사하는 산탄총은 펌프액션식이라 불리는 작동 방식의 총기가 일반적이다. 여기서는 펌프액션식 산탄총의 대표격이라 할 수 있는 레밍턴 M870을 통해 각 부위 명칭을 해설하고자 한다.

≫ 레밍턴 M700P/저격소총

PHOTO:스다 가즈

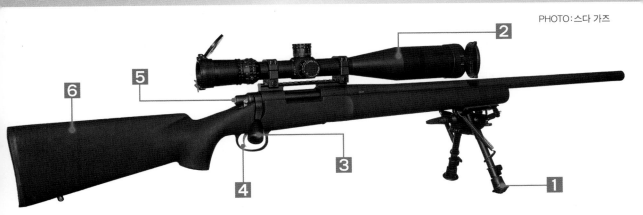

≫ 각 부위 명칭

1 **양각대**(2개의 다리로 총을 안정시킨다)
2 **망원조준경**(원거리를 저격하는 저격소총에는 망원조준경이 필수이다. 20mm 레일을 통해 견고하게 고정되어 있다)
3 **장전 손잡이**(볼트 핸들, 볼트액션 소총은 이 손잡이를 앞뒤로 움직여 탄피의 배출과 재장전을 실시한다)
4 **방아쇠**
5 **안전장치**(조준을 한 상태에서도 조작이 가능한 위치에 있다)
6 **개머리판**(개머리판과 손잡이, 총열덮개가 하나로 합쳐진 이 개머리판은 강한 강성을 지니고 있어 저격에 최적화되어 있다)

PHOTO:SHIN

>>> 각 부위 명칭

1 **머즐 디바이스 어댑터**
(MP5의 총구에는 돌기가 있어,
여기를 통해 소음기 등을 장착할 수 있다)

2 **플래시 라이트가 달린 총열 덮개**
(버튼 조작으로 점등)

3 **가늠쇠**

4 **장전 손잡이**

5 **탄창**

6 **탄창멈치 레버**

7 **방아쇠**

8 **조정간**

9 **가늠자**

10 **신축식 개머리판**(휴대가 편리하도록 짧게 수납할 수 있다)

PHOTO:SHIN

탄띠 급탄으로 사용할 경우에는 탄약이 총의 왼쪽
면에 노출된다. 탄띠용 탄통은 50발~200발까지
여러 종류가 있으며, 상황에 따라 각기 다른 용량
으로 바꿔 사용하게 된다.

>>> 각 부위 명칭

1 **소염기**

2 **가늠쇠**

3 **양각대**(무거운 총기인 경기관총의 경우,
양각대가 표준 장비된 것이 많다)

4 **운반 손잡이**(운반 시에 사용하는 손잡이.
과열된 총열을 교환할 때도 여기를 잡는다)

5 **총열 덮개**(아래와 옆면에 20mm 레일이 있어, 각종 액세서리를 장착할 수 있다)

6 **탄창**(M249 미니미는 탄띠를 통한 급탄 외에 M4 돌격소총 등에서 사용하는 박스형 탄창을 사용할 수 있다)

7 **탄띠 급탄구**(탄띠를 사용할 경우에는 여기를 통해 탄약을 장전한다)

8 **가늠자**

※참고사진용으로는 에어소프트건을
사용했습니다.

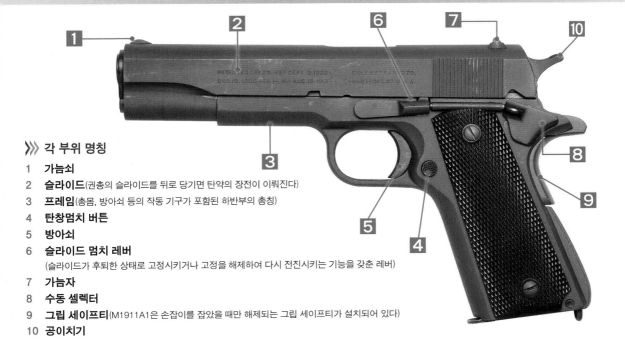

>>> 각 부위 명칭

1 **가늠쇠**
2 **슬라이드**(권총의 슬라이드를 뒤로 당기면 탄약의 장전이 이뤄진다)
3 **프레임**(총몸, 방아쇠 등의 작동 기구가 포함된 하반부의 총칭)
4 **탄창멈치 버튼**
5 **방아쇠**
6 **슬라이드 멈치 레버**
    (슬라이드가 후퇴한 상태로 고정시키거나 고정을 해제하여 다시 전진시키는 기능을 갖춘 레버)
7 **가늠자**
8 **수동 셀렉터**
9 **그립 세이프티**(M1911A1은 손잡이를 잡았을 때만 해제되는 그립 세이프티가 설치되어 있다)
10 **공이치기**

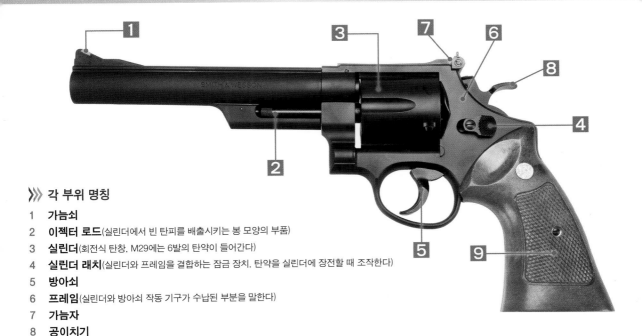

>>> 각 부위 명칭

1 **가늠쇠**
2 **이젝터 로드**(실린더에서 빈 탄피를 배출시키는 봉 모양의 부품)
3 **실린더**(회전식 탄창. M29에는 6발의 탄약이 들어간다)
4 **실린더 래치**(실린더와 프레임을 결합하는 잠금 장치. 탄약을 실린더에 장전할 때 조작한다)
5 **방아쇠**
6 **프레임**(실린더와 방아쇠 작동 기구가 수납된 부분을 말한다)
7 **가늠자**
8 **공이치기**
9 **손잡이**(내부에는 방아쇠 스프링 등이 수납되어 있다)

※참고사진용으로는 에어소프트건을
사용했습니다.

총을 안전하게 다루기 위한 4가지 규칙

세이프티 룰이라는 개념

총기 사격에 대해 배울 때 반드시 알아둬야 할 4가지 규칙이 있다. 이것은 오발 사고가 일어나는 것을 방지하기 위해서도 꼭 필요한 안전 수칙이며, 동시에 사수와 그 주변의 사람들의 안전을 지키기 위해서도 매우 중요하다. 그러면 이 4가지 규칙과 함께 실총 사격에 필요한 안전장비에 대해 소개하겠다.

사격은 다른 사람과 옆으로 나란히 서서 실시할 때도 있다. 안전관리를 철저히 하는 이유는 주위사람과 자신을 지키기 위해 필요한 일이기 때문이다.

PHOTO:SHIN

규칙 1

》》모든 총기는 언제나 장전되어 있다

폭발 사고 중에 가장 많은 경우가, 총기에 탄약이 장전되어 있지 않다고 생각하고는 방아쇠를 당겨버리는 상황에서 발생한다. 탄약이 장전되어 있지 않다고 확인한 총기라도 장전된 총기와 똑같이 취급하고, 부주의하게 방아쇠를 당기는 행위를 삼가는 것을 통해 사고를 예방할 수 있다.

규칙 2

》》쏴도 되는 것이 아닌 물건에는 절대 총구를 향하지 않는다

총구가 향하는 방향을 항상 의식하고 현재 위치에서 가장 안전한 방향으로 향하도록 하자. 안전한 방향이라 하는 것은 상황에 따라 수시로 변하므로 폭발이 일어나더라도 최소한의 피해로 그칠 수 있는 장소를 항상 의식해 두는 것이 중요하다.

장전할 때나 물건을 주우려고 하는 순간은 총구가 위험한 방향으로 향하기 쉬우므로 특히 주의할 것.

규칙 3

》》 가늠쇠가 표적을 향하기 전에는 방아쇠에 손가락을 올리지 않는다

총을 겨눠 조준이 이뤄지기 전까지는 방아쇠에 손가락을 걸지 않는다. 조준이 이뤄진 후라도
익숙해지기 전까지는 한 호흡 정도의 간격을 두고 방아쇠에 손가락을 올리도록 의식하자.

　신속히 표적에 사격하는 것을 의식한 나머
지 총을 겨누는 도중에 방아쇠를 당겨 폭발 사
고가 일어나는 것을 쉽게 볼 수 있는데, 이것
은 탄환이 의도하지 않은 방향으로 날아가는
것일 뿐 아니라 사수 자신이나 주위 사람들을
오사하게 될 위험이 있기 때문에 표적을 조준
하고 격발할 준비가 되기 전까지 방아쇠에는
손가락을 올리지 않도록 하자.

규칙 4

》》 표적을 확인하고 그 뒤에 무엇이 있는지 확인한다.

　표적에 사격할 때, 조준하고 있는 방향에 무엇이 있는지 다시
확인할 필요가 있다. 표적 뒤에는 무엇이 있는가, 표적을 관통한
탄환이 파괴할 만한 것은 없는가, 표적에서 빗나간 탄환이 어디에

착탄할 것인가 등을 생각하고 안전을 확실히 인식한 뒤에 사격을
실시하도록 하자.

총탄은 관통력이 높으
므로, 표적을 맞춘 뒤,
그 배후의 물체에도 영
향을 줄 가능성이 크
다. 사격장 같은 곳에
서는 흙을 쌓아올린 것
으로 관통한 탄환을 정
지시키거나 하지만, 시
가지 등에서 사격할 경
우에는 관통에 의한 2
차 피해를 염두에 둬야
만 한다.

실총 사격에 필요한 안전 장비

실총을 사격할 때 발생하는 발포음은 권총이라 해도 160dB 이상이다. 사람의 귀는 90dB 정도의 소리밖에는 견디지 못하도록 되어 있어, 허용량 이상의 소리는 난청이나 스트레스 장해의 원인이 되기 때문에 실총을 사격할 때에는 반드시 이어 프로텍터를 착용할 것이 권장된다. 또한 도탄이나 총기 파손으로 인해 비산한 파편 등으로부터 눈을 보호할 수 있는 보안경도 필수이다.

이어 프로텍터는 헤드폰처럼 귀 전체를 덮는 것과 귓구멍을 막는 귀마개 형태가 있다. 헤드폰 형태는 범용성이 높고, 다양한 체형에 대응할 수 있는 반면, 소총을 조준할 때 개머리판과 간섭하는 단점이 있다. 귀마개 형태는 각자의 사이즈에 맞는 것을 찾을 필요가 있지만 가볍고, 소총 사격 시에도 걸리적거리는 일이 없다.

소총 등에 부착하는 슬링(어깨끈)은 총기를 몸에서 늘어뜨리듯 휴대할 때 사용하는 장비이다. 사격장에서는 총기를 쥐고 조준하는 시간보다 총구를 밑으로 내리고 휴대하는 시간이 더 기므로, 하중을 분산시켜, 부담을 줄여주는 슬링은 대단히 편리한 장비이다.

≫ 초탄을 장전하고 사격하기 위해서는?

M4/AR15 계통 돌격소총의 장전 방법

≫ 장전하기 전 준비로 안전장치를 건다

M4/AR15 계통의 돌격소총은 공이치기를 젖힌 상태(발사 가능 상태)가 아니면 안전장치를 걸 수 없는 구조이므로, 장전 전에 탄창을 본체에서 제거하고 장전 손잡이를 뒤로 당겨 공이치기를 젖혀둘 필요가 있다. 이때 우측면에 있는 탄피 배출구를 들여다보고 탄약이나 이물질이 남아 있지 않은지 확인하도록 하자.

총 본체에 탄창이 꽂혀 있다면 제거하고 탄창에 탄이 남아 있는지 확인한다.

장전 손잡이를 당기면 노리쇠가 후퇴한다. 이때 약실에 탄약이 남아 있다면 배출된다.

≫ 탄창의 장탄을 확인한다

탄창 윗면을 보면 두 줄로 채워진 탄약이 보인다. 탄약에 이물질이나 오염물이 부착되어 있지는 않은지, 적합 구경 이외의 탄약이 억지로 삽탄되어 있지는 않은지, 그 외 이상은 없는지 확인을 마쳤으면, 탄창을 확실하게 쥐고 총 본체의 탄창 삽입구를 통해 밀어넣는다.

>>> 탄창을 결합/약실에 탄약을 장전

장전 손잡이를 당겼다 놓으면 노리쇠가 전진하면서 탄창 맨 윗부분에서 탄약 1발을 약실에 장전하게 된다. 하지만 장전 손잡이를 확실하게 끝까지 당기지 않으면 장전 불량이 발생하므로, 힘을 주어 끝까지 당기도록 의식해야 한다.

탄창이 총기에 제대로 고정되었는지 확인하기 위해 탄창을 쥐고 당긴다. 이때 탄창이 뽑혀 나온다면 밀어 넣는 힘이 부족했던 것이 원인이므로 탄창을 결합할 때는 탄창 바닥을 두들기듯 밀어 넣는 것이 좋다.

약실에 탄약이 장전되었으면 총 우측면에 있는 노리쇠 전진기를 앞으로 민다. 노리쇠 전진기는 노리쇠와 연결되어 있으므로 이것을 밀어주면 약실을 확실하게 폐쇄시킬 수 있다.

마지막으로 먼지 덮개를 올려 탄피 배출구를 막아준다. M4/AR15 계통은 노리쇠부분에 이물질이 끼면 장전 불량 등이 일어나기 쉬우므로 가능하면 먼지 덮개를 닫아두는 편이 좋다. 사격 시에는 먼지 덮개가 자동적으로 열리도록 되어 있으므로 닫아둔 채로 사격을 하더라도 탄피 배출에 문제가 생기지 않는다.

자동권총의 장전 방법

≫ 탄창의 장탄 확인과 급탄

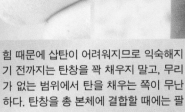

자동권총의 경우, 탄창에 삽탄하는 데 약간의 요령이 필요하다. 탄창 상부 전방에서부터 탄약을 미끄러뜨리듯 넣어야 하며, 10발 정도 탄을 넣고 나면 스프링의 힘 때문에 삽탄이 어려워지므로 익숙해지기 전까지는 탄창을 꽉 채우지 말고, 무리가 없는 범위에서 탄을 채우는 쪽이 무난하다. 탄창을 총 본체에 결합할 때에는 팔꿈치를 굽히고 총과 탄창 삽입구를 확인하며 힘을 주어 밀어 넣도록 한다.

≫ 슬라이드를 당겨 약실에 탄약을 장전한다

자동권총은 슬라이드를 끝까지 뒤로 당겼다가 손을 놓으면 전방으로 슬라이드가 복귀하면서 탄약이 장전되는 구조이다. 이때, 방아쇠에 손가락을 거는 일이 없도록 검지는 편 상태로 둔다. 이것으로 초탄 장전은 끝났으니 이제 올바른 자세로 사격하는 것에 집중하도록 하자.

》》》총을 겨누는 법

PHOTO:SHIN

총을 겨눌 때는 올바른 자세가 중요하다. 잘못된 자세로 겨누고 사격을 실시할 경우, 표적을 맞추지 못하는 것은 물론 주변에 피해를 입히거나, 사수 본인이 부상을 입을 수도 있기 때문이다. 이것은 실총뿐만 아니라 에어소프트건에도 해당하는 얘기다. 이번 항목에서는 소총과 권총, 두 종류의 총기를 올바르게 겨누는 법에 대해 해설하고자 한다.

소총을 겨누는 법

권총과 달리, 소총에는 어깨에 밀착시켜 총을 지지하기 위한 개머리판과 서포트 핸드(총을 받치고 있는 손, 오른손잡이의 경우, 왼손이 서포트 핸드에 해당한다)로 잡고 지지하는 총열덮개가 있는데, 이것을 활용하여 몸 전체로 반동을 제어할 수 있다.

소총을 겨누는 데 있어 가장 중요한 것은 ❶올바른 견착 ❷올바른 서포트 핸드 ❸올바른 자세(다리 벌림)를 들 수 있는데, 이 세 가지에 주의하여 조준을 하면 자연스럽게 몸 전체가 올바른 자세를 취하게 되며, 폼 자체도 근사하게 나오므로 서바이벌 게임 등에 나갈 때 명심해두면 좋을 것이다.

소총의 올바른 사격 자세. 팔뿐만이 아니라 전신으로 반동을 흡수하여 정확하고도 안전하게 사격할 수 있게 된다.

≫ 올바른 견착법

개머리판을 견착할 때는 개머리판을 어깨 윗부분으로 가져와서 버트 플레이트(어깨와 맞닿는 개머리판 맨 뒷부분)이 쇄골에 닿지 않도록 한다. 그리고 어깨 관절을 앞으로 내밀어 개머리판을 감싸듯이 하면 반동으로 총구가 흔들리거나 하는 일을 방지할 수 있다. 올바르게 견착하면 망원 조준경이나 가늠자가 보기 편한 위치에 오게 될 것이다.

≫ 올바른 서포트 핸드

실총의 반동은 총신을 중심으로 발생하므로, 총신을 감싸 쥐듯 서포트 핸드로 쥐어야 한다. 팔꿈치를 가볍게 굽히고 시야를 방해하지 않으면서도 좌우로 움직이며 조준할 만큼의 여유를 갖도록 한다. 권총 손잡이를 쥔 손은 몸쪽으로 당겨 붙이면서 같은 정도의 힘으로 서포트 핸드를 펴면 상하 반동을 제어할 수 있게 된다.

≫ 올바른 스탠스

오른손 자세의 경우, 왼발을 앞으로 내밀고 발끝을 표적 방향으로 향하게 한다. 왼쪽 무릎을 살짝 굽히고 상반신을 전방으로 내밀어, 발 앞꿈치에 체중을 실으면 반동으로 몸이 움직이는 것을 막을 수 있다. 오른발은 바깥으로 45도 정도 벌린 상태로 무릎을 곧게 펴고 고정한다. 이렇게 하면 반동을 지면으로 흘리고 총이 앞뒤로 움직이는 것을 막을 수 있다.

권총을 겨누는 법

권총의 경우, 기본적으로 손잡이 하나만으로 총을 지지해야만 한다. 때문에 올바른 자세로 파지하지 않으면 정확한 사격을 하기 어렵다. 현재, 가장 실전적인 자세로 알려진 것은 변형 위버 스탠스(modified weaver stance)인데, 이것은 몸을 정면으로 향하면서 한쪽 발(격발하는 손의 반대편 발)을 반보 정도 내밀어, 방탄조끼의 효과를 최대로 살리면서 전후좌우로 자유롭게 이동할 수 있는 자세이며, 반동을 제어하기도 쉽고, 복수의 표적에 대응하기도 용이하며 근접 전투에 필요한 요소가 많이 포함되어 있기에 최근 10년 사이에 급속히 보급되었다.

예전에는 위버 스탠스(weaver stance, 영화 등에서 흔히 볼 수 있던 상체를 비스듬하게 돌린 자세)와 이등변 자세(isosceles stance, 몸 정면으로 총을 겨눈 자세)라고 하는 두 가지의 자세가 주류였지만, 각기 단점이 있었기 때문에 양쪽의 장점만을 취하듯 만들어진 것이 바로 변형 위버 스탠스인 것이다.

상반신을 안정시키면서 발은 어느 방향으로든 움직일 수 있어 범용성이 높은 자세이다. 정지한 상태로 복수의 표적을 노릴 때는 허리 움직임으로 대응하게 된다.

》》 주시안의 판별

　사람에게는 잘 쓰는 쪽 손과 발이 있듯, 눈 또한 잘 쓰는 쪽, 즉 '주시안'이라는 것이 있다. 권총 사격에만 해당하는 얘기는 아니지만, 이 주시안을 사용해서 조준해야 정확한 사격이 가능하며, 소총 사격의 경우, 주시안에 맞춰 자세까지 바꿔야 하는(오른손잡이면서 주시안이 왼쪽인 경우, 왼손으로 격발) 경우가 많지만, 권총의 경우에는 주시안 앞으로 총을 가져오는 것만으로 대응할 수 있다.

주시안의 판별 방법. 두 손으로 삼각형을 만든 뒤, 여기를 통해 3~5m 떨어진 어느 지점을 바라본다.

그대로 손을 얼굴 앞으로 가져온다.

오른눈 앞에 삼각형이 왔다면 주시안은 오른눈, 왼눈으로 왔다면 왼눈이 된다.

》》 파지법

　권총의 손잡이를 쥐는 것을 파지법(Gripping)이라 한다. 올바른 방법에 따라 파지하면 총이 안정되면서 사격 반동도 제어할 수 있게 된다. 정확한 사격은 올바른 파지법에서 시작된다 해도 과언이 아니다. 여기서는 파지법의 기본을 해설하고자 한다.

먼저 주로 쓰는 손으로 가능하면 손잡이 윗부분을 쥔다. 이것을 '하이 그립'이라 부르며, 총기가 요동치지 않고 반동도 잘 받아낼 수 있는 파지법이다.

손잡이를 쥔 손을 반대쪽 손으로 감싸듯이 쥐고 엄지를 전방으로 향하게 한다.

힘을 주어 손잡이를 쥔 손을 단단하게 움켜쥔다. 권총 파지에 있어 가장 중요한 것이 바로 서포트 핸드의 쥐는 힘이다.

PHOTO：SHIN

PHOTO：SHIN

Assault Rifle/
돌격소총

현대의 군에서 가장 널리 쓰이고 있는 범주가 바로 돌격소총이다.

일반적으로는 5.56mmX45 탄약과 같은 소구경 고속탄을 사용하는데 완전 자동 사격도 가능한 모델이 주류를 이루고 있다. 높은 관통력을 지니면서도 반동 제어가 용이하여, 특수부대부터 일반 보병에 이르기까지 널리 쓰이고 있다.

또한 근년 들어서는 테러리스트까지 방탄조끼를 착용하는 등, 방어력이 높아졌기에 경찰 등의 법 집행기관에서도 관통력이 높은 돌격소총을 장비하는 경향을 보이고 있다. 민간에서도 반자동 사격만이 가능한 모델이 스포츠 사격 등에서 인기이며, 민관 양쪽 모두에서 현재 가장 표준적인 범주라고도 할 수 있다.

본 항목에서는 이러한 돌격소총 중에서도 가장 유명한 모델 10종을 골라 해설하고자 한다.

PHOTO:SHIN

미군에서 제식으로 채용하여, 현재는 세계 각국의 군과 법 집행기관에서 사용 중인 돌격소총이 바로 M4 카빈이다. 카빈이라는 것은 '기병총(Carbine, 말에 타고서도 다루기 쉽도록 길이를 줄인 총기)'을 의미하며, 현대에 들어와서는 전체 길이를 짧게 줄인 소총 전반을 일컫는 말이 됐다.

M4 카빈 또한 그 의미 그대로 1960년대에 미군에 제식 채용된 M16 돌격소총을 짧게 단축하여 다루기 편하게 만든 총이다. 현대전에서도 실내전과 같은 CQB(근접전투)나 공수부대, 차량 승무원 등의 호신용 등, 콤팩트한 소총에 대한 수요가 증가하고 있어, 오늘날에는 미국 육·해·공군과

해병대 모두가 M4 카빈을 제식으로 사용하고 있다.

이러한 M4 카빈의 특징으로는 높은 확장성을 들 수 있다. 리시버(총몸) 윗부분에는 망원 조준경 등을 부착할 수 있는 레일이 표준으로 장비되어 있으며 개머리판은 신축식으로, 사수의 체격에 맞춰 최적의 사이즈로 조정할 수 있다. 총열 덮개나 권총 손잡이도 교환 가능해서 다종다양한 옵션을 사용, 각 용도에 맞춰 스타일을 구축할 수 있다. 때문에 공적 기관은 물론 민간에서도 높은 인기를 얻고 있으며, 현대의 소총 사격술은 M4 계열의 총기를 기준으로 고안되고 있다.

덧붙여서 M4나 M16이라고 하는 것은

어디까지나 미군에 채용된 군용 모델의 호칭으로, 민간에 판매되고 있는 모델을 말할 경우에는 대체로 M16의 상품명인 'AR15'를 사용하는 일이 많다.

M4 카빈 토이건 DATA

도쿄 마루이 차세대 전동건 M4A1 카빈

도쿄 마루이의 차세대 전동건은 안정된 사격 성능에 더하여, 강렬한 반동을 맛볼 수 있어 리얼한 '손맛'이 매력인 시리즈이다. 그중에서도 M4A1 카빈은 탄을 전부 소모했을 때, 작동을 멈추는 오토 스톱 기능이 탑재되어 있으며, 새 탄창을 결합하면 노리쇠 멈치를 눌러 다시 발사 가능 상태로 돌아가게 되어 있는 등, 실총과 똑같은 조작을 즐길 수 있어, M4A1 토이건의 결정판이라 할 수 있는 고성능 전동건이다.

■중량 : 2,970g
■장탄수 : 82발
■가격 : 54,780엔
■문의처 : 도쿄 마루이

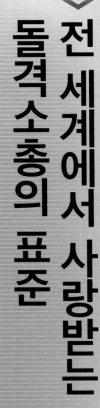

전 세계에서 사랑받는 돌격소총의 표준

표준적인 M4A1의 총 열덮개에는 레일이 설치되어 있지 않으나, 쥐기 편한 디자인이어서 자연스럽게 휴대할 수 있다.

기계식 가늠자가 내장된 탈착식 운반 손잡이 아래에는 20mm 규격인 마운트 레일이 설치되어 있어, 다양한 광학 조준기를 부착할 수 있다.

총몸은 M16과 거의 같으나, 윗부분에 마운트 레일이 달려 있다는 점이 가장 큰 차이점이다.

영화나 게임 등에서 빈번하게 그 모습을 볼 수 있는 M4 카빈. 돌격소총을 대표하는 모델이라 해도 과언이 아닐 것이다.

- 사용탄약 : 5.56mm X 45탄
- 전장 : 850mm
- 중량 : 2,680g
- 장탄수 : 30발

※소개 사진은 도쿄 마루이의 '가스 블로우백 머신건 M4A1 카빈'을 촬영한 것입니다. 문의처 : 도쿄 마루이

31

앞 페이지에서 해설한 바와 같이 M4 카빈은 확장성이 높아 다양한 커스터마이즈용 부품이 여러 제조사에서 발매되었으며, 이러한 부품을 활용하여 각 시대나 수요에 맞춘 M4의 파생형이 만들어졌다. 여기서는 이러한 파생형들 중에서 미군에서 사용되고 있는 모델 일부를 소개하고자 한다.

CQB-R

CQB-R이란 'Close Quarter Battle Receiver'의 약어로, 원래는 미 해군의 근접전용으로 설계된 어퍼 리시버(총열 등이 포함된 윗총몸)를 지칭하는 것이었으나, 좀 더 넓게는 이 윗총몸이 결합된 M4 카빈을 가리키는 말이기도 하다.

이 윗총몸의 최대 특징은 M4 카빈의 14.5인치(약 368mm) 총열을 좀 더 짧게 줄인 10.5인치(약 266mm) 총열이 장비되었다는 것으로, 이에 따라 실내와 같이 좁은 공간에서의 조작성이 향상되었다. 하지만 발사 시에 발생하는 연소 가스를 가스 포트로 유도하여 총기를 작동시키는 M4의 설계 특성 상, 그냥 총열을 줄이기만 해서는 작동 불량이 발생하기 때문에, 가스가 유도되는 가스 포트의 위치와 각 부품의 형상 등 세세한 부분의 조정이 이뤄졌다.

※소개 사진과 상기 데이터는 도쿄 마루이의 '가스 블로우백 머신건 CQBR 블록1'입니다.

- 중량 : 3,110g
- 장탄수 : 35발
- 가격 : 65,780엔
- 문의처 : 도쿄 마루이

Mk-18 Mod.1

- ■중량 : 3,210g
- ■장탄수 : 82발
- ■가격 : 76,780엔
- ■문의처 : 도쿄 마루이

※소개 사진과 상기 데이터는 도쿄 마루이의 '차세대 전동건 Mk18 Mod.1'입니다.

앞에서 소개한 CQB-R의 발전형이라 할 수 있는 파생형이 Mk-18이다.

CQB-R은 미 해군 특수부대인 SEALs에서만 사용했지만, Mk-18은 해군의 폭발물 처리팀이나 해안 경비대 전술팀은 물론 해병 특수부대에 이르기까지 여러 부대에 배치되었다.

특히 Mk-18 Mod.1이라 불리는 모델은 당시 최신 커스터마이즈 모델인 SOPMOD Block.2와 같은 구성으로 되어 있어, M4의 특징이라 할 수 있는 삼각형 가늠쇠가 제거되고, 총신 끝까지 덮는 형태인 다니엘 디펜스의 레일 달린 총열 덮개가 장비되어 있다. 이에 따라 걸리적거리는 부분이 적은 스마트한 디자인으로 완성됐는데, 이 모습이 멋지게 보인 것인지, 근래의 게임 등에서는 M4 카빈이 등장할 때, 바로 이 Mk-18 Mod.1의 모습으로 나오는 경우도 많다.

URG-I

- ■중량 : 3,150g
- ■장탄수 : 82발
- ■가격 : 76,780엔
- ■문의처 : 도쿄 마루이

※소개 사진과 상기 데이터는 도쿄 마루이의 '차세대 전동건 URG-I 11.5inch SOPMOD BLOCK3'입니다.

근래들어 미 육군 특수부대인 그린베레를 중심으로 사용되고 있는 M4 카빈이 바로 URG-I(Upper Receiver Group-Improved)라 불리는 SOPMOD Block3 이다.

SOPMOD란 미군 특수부대원이 임무에 맞춰 커스터마이즈할 수 있도록 고안된 무기 개수 계획으로, SOPMOD Block3이란 이 계획에 기반하여 커스터마이즈된 M4의 제3세대를 말한다.

구체적으로는 총열덮개를 가이슬리 오토매틱스의 SMR(Super Modular Rail) Mk16 M-LOK으로 변경한 것이 외견상의 최대 특징이다. 이것은 'M-LOK'이라 불리는 종래의 20mm 레일을 대신하는 새로운 마운트 규격이 채용된 총열 덮개로, 여러 개 뚫린 슬릿에 직접 액세서리를 창착할 수 있다. 필요한 액세서리만을 직접 장착하는 방식이기에 기존의 20mm 레일보다 가볍고, 슬릿은 총열 냉각용 통풍구로도 기능한다. 현재, 미 육군 특수부대인 그린베레 등에서의 사용이 확인되고 있으며, 업계에서도 주목하는 커스터마이즈 모델이다.

33

M4 카빈이나 M16은 가스 직결식이라 하여 발사 시의 연소 가스를 노리쇠뭉치에 직접 분사하는 방식으로 자동 장전이 이뤄지는 구조가 채용됐는데, 이 방식은 경량화나 반동 경감에 적합하지만 열이나 오염이 남기 쉬워 작동이 불안정하게 된다는 의견도 있다. 이를 반영하여 미군이 독일의 총기 제조사인 HK(헤클러 운트 코흐, Heckler & Koch)에 개량을 의뢰하여 만들어진 것이 HK416이다.

M4에서 가장 크게 변경된 점은 작동 방식을 쇼트 스트로크 피스톤 방식이라 하여 연소 가스를 피스톤에 분사, 이 피스톤으로 노리쇠뭉치를 움직여 자동 장전을 실시하는 방식으로 바꿨다는 것이다. 이 방식은 부품 수가 늘어나기는 하지만 연소 가스가 노리쇠에 직접 닿지 않기에 안정적으로 작동하고 명중 정밀도도 유지하기 쉬워진다는 이점이 있다. 다만, 그만큼 M4와 비교해 단가 또한 높아졌지만, 보다 성능 좋은 총기를 원하는 군이나 법 집행 기관의 특수부대에 속속 채용되면서 '특수부대에서 사용하는 총'이라는 이미지가 강해졌다. 근래에 들어서는 프랑스군의 제식 소총으로 채용되는 한편, 독일군의 제식 소총 채용 평가에도 참가하는 등, 특수부대 이외의 곳에서도 채용되는 경우가 늘고 있다. HK416은 그 우수한 성능을 통해 'M4의 개량형'이라는 당초의 범주를 넘어 'HK416'이라는 새 계보를 만들어낸 명총이라 할 수 있다.

HK416 토이건 DATA

VFC
Umarex HK416D
Gen2 GBB

리얼리티 만점인 에어건으로 인기를 끌고 있는 대만의 제조사 VFC의 '얼굴'이라 할 수 있는 것이 바로 이 모델이다. HK의 정식 라이선스를 취득하여 제작하기에 각 부위의 각인도 실제 총기와 똑같이 새겨져 있으며, 가스 블로우백 건이기에 실총과 똑같이 장전 손잡이를 당겨 장전하고, 탄을 전부 소모하면 노리쇠 멈치가 작동하도록 되어 있다. 또한 방아쇠 뭉치도 최대한 실물에 근접하게 만들어져 있어, 어느 곳 하나 빠짐없이 충실한 완성도를 자랑한다.

- ■중량 : 3,020g
- ■장탄수 : 30발
- ■가격 : 오픈
- ■문의처 : VFC

개량형의 범주를 넘어선 고정밀 돌격소총

같은 제조사인 HK의 MP5를 방불케 하는 회전식 가늠자가 장비되었다. 4개의 핍(Peep)을 거리에 맞춰 사용한다.

전체적으로 독일제답게 총열덮개를 시작으로 M4보다 탄탄하고 다부진 이미지.

M4 계열보다 울퉁불퉁한 인상의 개머리판. M4와 마찬가지로 신축 기능을 갖추고 있다.

HK416의 외견 상 특징 중 하나로, 총신과 거의 평행인 탄창 삽입구를 들 수 있는데, 최근 주류를 차지하고 있는 폴리머 탄창과의 궁합이 좋지 않아, 개량형인 A5에 와서는 M4 계열과 마찬가지로 각도가 변경됐다.

- ■사용탄약 : 5.56mm X 45탄
- ■전장 : 805mm(개머리판을 늘였을 때) /709mm(11인치 모델)
- ■중량 : 3,120g(11인치 모델)
- ■장탄수: 30발

※소개 사진은 VFC 'Umarex HK416D Gen2 GBB'를 촬영한 것입니다.

≫≫ MCX

미국의 총기 제조사 SIG SAUER에서 개발한, AR15(M4 카빈의 원형이 된 M16의 제품명. 현재는 민간 사양인 M4/M16을 지칭하는 경우가 많다)을 원형으로 하는 돌격소총이 바로 MCX으로, 이 소총은 HK416과 마찬가지로 작동 방식을 쇼트 스트로크 피스톤 방식으로 변경하고, 사격 시의 반동이나 작동 불량을 줄인 외에, 좌우 어느 손으로도 쉽게 대응할 수 있는 조작계와 프리플로트(Free-float)라 불리는 총열덮개의 접속 방식(총열덮개와 총신이 접촉하지 않는 접속 방식. 이렇게 하면 총열덮개에 액세서리를 장착하더라도

명중률에 영향을 주지 않는다)이 채용되는 등, 현대의 돌격소총에 요구되는 요건을 두루 갖추고 있다.

MCX는 새로 개발된 .300 AAC BLK(Blackout)탄(7.62mmX35탄. 대구경화 되기는 했으나, 5.56mm탄용 탄창에 같은 숫자의 탄이 장전 가능. 위력이 높은 고속탄과 소음기 사용 시에 효과적인 저속탄의 두 종류가 있다)과 기존의 5.56mmX45탄을 병용하여 다양한 용도에 대응 가능한 것에 주안을 두고 있어, 총신을 교환하는 것만으로 사용 탄약을 바꿀 수 있다. 이외에도 총 자체도 단축

총신 모델 등의 다양한 베리에이션이 존재하여, 종합적으로 범용성이 대단히 높다.

이러한 성능은 발표 당시부터 주목받았으며, 영국 경찰 특수부대에 채용된 것을 시작으로, 각국에서의 채용이 진행되고 있다. 미디어에도 노출이 늘고 있어 앞으로 보다 널리 인기를 끌 것으로 보인다.

MCX 토이건 DATA

SIG AIR PROFORCE MCX VIRTUS SBR전동건

실총의 제조사인 SIG SAUER의 에어건 부문인 SIG AIR PROFORCE에서 출시한 MCX의 전동건. 실총의 훈련용품으로 사용할 것을 염두에 둔 설계로, 토이건이면서도 실총과 같은 질감이다. 이 모델은 SBR(Short Barrel Rifle)이라는 이름 그대로 단총신 모델을 재현, 실내전 등의 상황에서 취급이 용이하다. 실물 지향의 유저들에게 특히 추천한다.

- ■중량 : 3,000g
- ■장탄수 : 120발
- ■가격 : 63,800엔
- ■문의처 : LayLax

최신 탄약에 대응하는 범용 돌격소총

AR15의 구성을 이어받으면서도 새로운 요소가 다수 도입된 MCX. 언뜻 봐서는 완전히 신규 설계된 총기로도 보인다.

제2세대 모델부터는 M-LOK 규격 총열덮개가 장비됐다.

총몸 디자인은 AR15 계열을 답습한 모습이나, 유용이 아닌 신규 설계. 조작계는 좌우 어느 손에도 대응하며, 조정간도 조작하기 쉬운 디자인으로 바뀌었다.

■사용탄약 :
.300 AAC
BLK탄/
5.56mm X 45탄
■전장 : 737mm
■중량 : 3,400g
■장탄수 : 30발

AR15에서 내부 구조가 변경되면서 보다 콤팩트한 개머리판도 장비 가능하게 됐다. 실루엣이 크게 달라진 것은 이런 이유 때문.

※소개 사진은 SIG AIR PROFORCE 'MCX VIRTUS SBR 전동건'을 촬영한 것입니다.

AK 시리즈의 특징과 기초강좌

≫ 공산진영을 대표하는 걸작 돌격소총

AK47 Type-3

AK74M

AK47을 시작으로 하는 AK 시리즈는 러시아를 중심으로 하는 옛 공산진영에서 널리 사용된 돌격소총이다. 개발국은 소련으로, 소련의 군인이었던 미하일 티모페예비치 칼라시니코프가 중심이 되어 설계 및 개발이 이뤄졌던 점에서 '칼라시니코프'라 불리기도 한다. 1949년에 소련군에 제식 채용된 AK47은 중형 소총탄을 사용하는 근대적 돌격소총의 선구자라고 할 수 있는 존재로, 이후 개발된 자유 진영의 M16 돌격소총 등에도 큰 영향을 줬다. 이번 항목에서는 이러한 AK 시리즈의 특징에 대해 해설하고자 한다.

신뢰성에 중점을 둔 설계로 보다 높은 신뢰성을 갖추다

≫ 튼튼하고 어떤 환경에서도 작동된다!

AK47의 설계 이념은 독일에서 1940년대에 개발된 StG44의 영향을 강하게 받은 것이다.

AK 시리즈의 최대 특징은 바로 튼튼함에 있다. 작동부가 진흙이나 모래와 같은 이물질에 강하며, 1,000발 이상 사격한 뒤에 장기간 정비를 하지 않더라도 작동불량이 발생하지 않는 AK의 내구성에 관한 일화는 셀 수 없이 많을 정도다. 내구성을 유지하기 위해, AK의 기관부는 각 부품 간의 유격이 크고 이 때문에 덜그럭거리는 부분이 많다. 이것은 명중률을 떨어뜨리는 단점이 있지만, 작동부의 클리어런스를 넉넉히 하여 이물질로 인한 걸림이 쉽게 발생하지 않고, 탄매의 부착으로 인한 부품의 고착을 막는 역할을 할 수 있다. 전장과 같이 가혹한 환경에서는 사격 성능보다도 확실히 작동하는 신뢰성이 보다 중시되기에 AK의 내구성과 신뢰성은 높은 평가를 받고 있다.

1949년 이래로 기본 설계는 바뀌지 않았다

AK74M

AK47이 소련군에 제식 채용된 것은 1949년의 일이다. 이후, 70년 이상이 지난 현대에도 러시아군에서는 AK가 계속 사용되고 있다. 현재 러시아군 대다수가 사용하고 있는 것은 AK74M이라고 하는 개량형으로, 소구경 고속탄을 사용하는 모델이다. 러시아군은 2018년에 AK 시리즈의 최신 모델인 AK12와 AK15를 제식 채용 소총으로 승인했다고 발표했는데, 이들 소총은 공수부대나 특수부대를 중심으로 배치가 이뤄지고 있다. AK12라고 하는 AK 시리즈의 최신 모델이라고 해도, 내부 설계는 AK47의 기본 설계를 이어받고 있어, 현대에 와서도 특유의 높은 신뢰성을 자랑하고 있다.

AK12

사진 오른쪽이 AK47에 사용되는 7.62mmX39탄이며, 왼쪽은 AK74M에 사용되는 5.45mmX39탄이다. 탄피 길이는 달라지지 않았으나, 구경이 2mm 정도 줄어들었다.

≫ AK47 Type3

AK47은 세 번의 개량이 이뤄졌는데, 여기서 소개하는 Type3은 1953년에 생산이 시작된 가장 완성도가 높은 모델이자, AK47의 최종형이다. AKM이나 AK74와 같은 개량형은 이 모델의 설계를 바탕으로 개발됐다.

AK47 Type3은 이전 모델(Type1, 2)에서 얻은 데이터를 반영하여, 개머리판의 고정 방법이나 각 부위의 보강 가공이 재검토됐는데, 절삭 가공의 변경으로 중량도 이전보다 500g 정도 경감하는 데 성공하면서 보다 다루기 쉬운 돌격소총으로 완성됐다.

소련이 AK47 Type3을 대량 생산하여, WTO(바르샤바 조약기구) 가맹국과 중국, 여러 아랍국가에 수출하면서 AK47 Type3은 전 세계의 무장 조직의 손에 들어가 각지의 전장에서 사용됐다.

AK47 Type3 토이건 DATA

도쿄 마루이 차세대 전동건 AK47

도쿄 마루이에서는 오랜 역사를 지닌 AK 시리즈 중에서도 대표 모델이라 할 수 있는 AK47 Type3을 차세대 전동건으로 출시했다. 세부까지 꼼꼼하게 재현한 조형과 높은 사격 성능을 아울러 갖춘 고성능 모델이다.

- ■중량 : 3,155g
- ■장탄수 : 90발
- ■가격 : 54,780엔
- ■문의처 : 도쿄 마루이

총몸에는 보강과 절삭 가공이 이뤄져, 내구성이 향상됐다.

소련에서 개발된 돌격소총의 베스트셀러

FPS 게임 등에서 AK47은 서방의 M4/M16에 대응하는 존재로 그려지는 일이 많다. 쓰러뜨린 적에게서 노획하여 사용하는 유저도 많지 않을까.

울퉁불퉁한 30연발 탄창은 철판을 프레스 가공하여 제작했다. 사용 탄약의 특성 상, 탄창이 크게 휘어져 있어 '바나나 탄창'이라는 애칭이 붙기도 했다.

- ■ 사용탄약 : 7.62mm X 39탄
- ■ 전장 : 880mm
- ■ 중량 : 3,356g
- ■ 장탄수 : 30발

※소개 사진은 도쿄 마루이 '차세대 전동건 AK47'을 촬영한 것입니다.

≫ AK 시리즈의 파생형

AK47의 기관부는 우수한 설계로 인해 개수도 용이했다. 총신을 짧은 것으로 교체하는 것만으로 카빈이나 전차병이 사용하는 단축 모델로도 사용할 수 있으며, 길고 튼튼한 총신을 기관부에 결합하면 간이 경기관총이나 저격소총으로도 사용할 수 있었다. 때문에 AK47 Type3을 원형으로 하는 AK 시리즈의 개량형은 러시아에서 제조된 것만으로도 많은 수가 존재하며, 세세하게 설명하려면 두꺼운 책 하나로도 모자랄 정도다. 그렇지 않아도 구분이 어려운 AK 시리즈의 해설에서 정보량이 지나치게 늘어나는 것은 오히려 혼란의 원인이 되기에 여기서는 대표격인 2종을 골라 소개하고자 한다.

AKM

※소개 사진과 데이터는 도쿄 마루이의 'AKM 가스 블로우백 머신건 전동건'입니다.

- ■ 중량 : 3,355g
- ■ 장탄수 : 35발
- ■ 가격 : 65,780엔
- ■ 문의처: 도쿄 마루이

AKM은 AK47의 후계 모델로 개발된 돌격소총으로, 1959년부터 1974년까지 15년간 소련군의 제식 소총으로 사용됐다. 사용 탄약은 AK47과 같은 7.62mm탄으로, 탄창이나 탄약 파우치 등과 같은 장비품은 AK47에서 그대로 유용할 수 있었다. 철판을 프레스 가공하는 방식으로 총몸을 제작하면서 생산 효율이 비약적으로 향상됐으며, 총구를 비스듬하게 자른 형상의 소염기를 통해 발사 가스의 분사 방향을 위로 향하게 하여 사격 시의 반동을 억제하는 등, 의욕적인 개량이 이뤄진 모델이다.

AKS74U

※소개 사진과 데이터는 CYMA의 'AKS74U'입니다.

- ■ 중량 : 2,890g
- ■ 장탄수 : 500발
- ■ 가격 : 33,000엔
- ■ 문의처 : UFC

AKS74U는 AK74M의 단축 카빈 모델이다. 극단적으로 짧은 총신과 접이식 개머리판이 특징으로, 사용 편의성에 특화된 설계이다. 낙하산으로 강하하는 공수부대나 전차병의 자위 무장으로 배치된 외에 스페츠나츠(특수부대) 등에서도 사용이 확인된 바 있다. 사용 탄약은 5.45mm탄으로, 자동 사격이 가능하다. 총신이 짧은 모델은 발사 화염이 크다는 단점이 있으나 AKS74U는 대형 소염기를 장착하여, 발사 화염을 줄였다.

≫ AK74M

1960년대에 미군에 제식 채용된 M16A1 돌격소총에 대항하기 위해, 소련군에서는 차기 주력 자동소총의 개발에 나섰다. 당시의 제식 소총이었던 AKM의 7.62mmX39탄은 대구경탄이기에 저지력이 우수했으나 사격 시의 반동이 크고, 자동 사격을 할 때 다루기 힘들었다. 때문에 아무리 위력이 강한 탄이라도 맞지 않으면 의미가 없다고 판단한 소련군에서는 보다 구경이 작은 5.45mmX39탄과 이를 사용하는 돌격소총으로 AK74를 채용했다. 플라스틱제 개머리판과 총열덮개, 권총손잡이를 갖추고 있는 AK74M은 AK74의 개량형으로, 현대의 러시아군 대다수가 이 AK74M을 사용하고 있다.

AK74M 에어건 DATA

도쿄 마루이 차세대 전동건 AK74MN

근대적인 플라스틱제 개머리판과 총열덮개를 재현한 도쿄 마루이의 차세대 전동건 AK74MN은 사격 시의 노리쇠 후퇴로 인한 반동을 체감할 수 있다. 노리쇠 후퇴로 느낄 수 있는 손맛과 높은 명중률이 매력적인 제품.

- ■ 중량 : 3,040g
- ■ 장탄수 : 74발
- ■ 가격 : 60,280엔
- ■ 문의처 : 도쿄 마루이

43

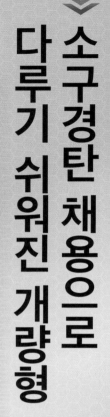

소구경탄 채용으로
다루기 쉬워진 개량형

AK74는 기존 AK 시리즈에 없었던 대형 소염기가 채용됐다. 크게 뚫린 좌우의 포트로 발사 가스를 배출, 반동을 경감시킨다.

AK74M에는 암시장치 등의 광학기기를 부착할 수 있는 사이드레일이 갖춰져 있는데, 20mm 레일 마운트도 장착할 수 있어, 도트사이트 등의 부착도 가능하다.

5.45mmX39탄을 사용하는 AK74M은 반동도 적고, 자동 사격 시의 집탄성도 비약적으로 향상됐다. 또한 탄두 크기가 줄어들면서 공기의 저항도 줄어, 탄환의 속도도 보다 빨라지면서 관통력도 높아졌다. 5.45mm탄은 탄두를 여러 종류의 금속으로 만들어, 착탄 시에 탄두 비중이 일부러 한쪽으로 쏠리도록 설계됐는데, 이에 따라 탄두가 인체에 파고들 때, 탄두가 옆으로 누우면서 내부 손상을 확대시켜 치명상을 주게 됐다. 몸통에 맞으면 치명상, 팔이나 다리에 맞더라도 뼈가 분쇄되면서 후유증이 남는 성능을 지닌 이 탄약을 미군 병사들은 '포이즌 불릿'이라 부르며 두려워했다고 한다.

■ 사용탄약 : 5.45mm X 39탄
■ 전장 : 945mm
■ 중량 : 3,300g
■ 장탄수 : 30발

※소개 사진은 도쿄 마루이의 '차세대 전동건 AK74MN'을 촬영한 것입니다.

AK12

현대의 전장에 적합해진 차세대 돌격소총

상부 레일을 갖추면서 광학
기기나 암시장치를 장착할
수 있게 됐다.

개머리판은 체격에 맞춰 길
이를 조절할 수 있는 방식으
로 변경됐다. 접을 수도 있는
등, 기능성도 우수하다.

■사용탄약 : 5.45mm X 39탄
■전장 : 945mm
■중량 : 3,300g
■장탄수 : 30발

※소개 사진은 LCT 에어소프트
'AK12' 전동건을 촬영한 것입니다.
상품 문의처 : LCT 에어소프트

2018년, 러시아군은 AK12와 AK15를 차기
제식 소총으로 결정했다. 근대적 총기 설계에
기반하여 제조된 AK12는 윗총몸에서 총열덮
개까지 이어지는 상부 레일과 조정 가능한 접
철식 개머리판이 채용되는 등, 이제까지의 AK
시리즈에 없었던 확장성을 충분히 갖춘 모델
이다.
　앞으로의 러시아군을 지탱할 차세대 돌격소
총인 AK12의 개량은 현재도 계속되고 있으며,
러시아의 병기 박람회 등에서는 커스텀 모델
이 참고 전시되기도 한다.

≫ SCAR

FN SCAR는 벨기에의 총기 제조사인 FN 에르스탈에서 미군 특수부대용으로 개발한 돌격소총이다. SCAR라는 것은 특수부대용 전투 돌격소총(Special Operation Forces Combat Assault Rifle)의 머리글자를 따온 것으로, 흔히 '스카'라고 발음한다.

이 총은 미군의 제식 소총인 M4 카빈에 익숙한 사용자가 쓸 것을 상정, 조작 방법이 M4에 준하면서도 좌우 어느 손에도 대응 가능한 디자인이 채용됐다. 또한 소구경으로 반동이 적은 5.56mm 사양인 SCAR-L과 위력이 높고 사거리가 긴 7.62mm탄 사양인 SCAR-H라는 두 종류가 준비되어, 임무에 맞춰 사용할 수 있었다.

하지만 M4의 특징을 많이 남긴 탓이었는지, 미군에서는 교체 필요성이 낮다고 판단, 일부에서 채용이 되었을 뿐, 몇 년 뒤에는 조달이 중단됐다. 하지만, 성능이 우수하다는 점은 변함이 없기에 벨기에나 페루 등의 군과 법 집행기관에 채용됐다. 이후 등장한 돌격소총 중에는 SCAR의 영향을 쉽게 찾아볼 수 있는 것이 많기에 역사에 이름을 남긴 명총임에는 틀림없을 것이다.

SCAR 시리즈 토이건 DATA

도쿄 마루이 SCAR 시리즈 차세대 전동건

도쿄 마루이의 차세대 전동건은 리얼한 반동과 높은 실사 성능으로 인기인 시리즈인데, 그중에서도 SCAR는 구경이 다른 L과 H의 두 종류가 출시됐다. 각각 검정과 플랫 다크 어스라는 두 가지 색상 중에서 선택 가능하며, 여기에 더해 SCAR-L에는 총신 길이를 줄인 CQC 모델도 있다. 초심자부터 상급자까지 폭넓은 유저들의 사랑을 받는 베스트셀러이다.

- ■중량 : 3,250g (SCAR-L/CQC) /3,630g(SCAR-H)
- ■장탄수 : 82발 (SCAR-L/CQC) /90발(SCAR-H)
- ■가격 : 65,780엔 (SCAR-L/CQC) /69,080엔(SCAR-H)
- ■문의처 : 도쿄 마루이

특수부대를 위해 태어난 총

사진은 대구경 사양인 SCAR-H. 중동의 사막 지대에서는 교전거리가 멀어지기 쉬워, 내구경탄 특유의 높은 위력과 긴 사거리가 요긴하게 활용됐다.

접거나 길이 조절을 할 수 있는 것은 물론 뺨받이 부분도 조정 가능한 다기능 개머리판은 독특한 형상때문에 '어그 부츠(스톡)'라고도 불린다.

■사용탄약 :
5.56mm X 45탄(SCAR-L)/
7.62mm X 51탄(SCAR-H)
■전장 :
903mm(개머리판 폈을 때)/
655mm(개머리판 접었을 때)
※모델에 따라 다름
■중량 : 3,500g
※모델에 따라 다름
■장탄수 : 30발(SCAR-L)/
20발(SCAR-H)

조작계는 M4 계열에 준하지만, 신속 조작을 위해 조정간의 조작 각도는 절반인 45도로 되어 있다.

※소개 사진은 도쿄 마루이의 'SCAR-H 차세대 전동건 플랫 다크 어스'와 CYMA/CYBERGUN의 'FN SCAR-L 풀메탈 전동건'을 촬영한 것입니다.

≫ G36

G36은 독일의 제조사 HK에서 개발한 돌격소총이다.

이 총의 개발 시기는 1990년대로 비교적 최근이지만, 작동구조나 각 부위의 배치는 지극히 고전적이다. 하지만 이것은 혁신적인 요소(무탄피 탄약 등)을 도입했던 소총인 G11의 개발 실패에 기인한 것으로, G36의 견실한 설계는 이러한 과거의 반성이라 할 수 있다.

하지만 완전히 기존 총기의 설계를 답습하기만 한 것은 아니었고, 플라스틱제 부품을 대담하게 사용하여, 경량화를 꾀했으며, HK의 제품다운 인체공학적 디자인, 안정감 있는 접철식 개머리판, 좌우 어느쪽 손으로도 조작 가능한 장전손잡이 등, 상당히 근대적인 요소도 도입됐다.

이러한 성능이 높이 평가되어, 독일 연방군의 제식 소총으로 채용됐으며, 현재는 미국과 프랑스, 브라질 등의 법 집행기관 및 경찰에서 널리 사용되고 있다. 이

근미래적인 디자인이 인기의 비결이었는지, FPS 등의 게임에서도 빈번히 등장하는 등, 일반적인 인지도도 높은 총이라 할 수 있다.

G36 토이건 DATA

S&T G36C 스포츠라인 전동건

가볍고 저렴해서 초심자부터 숙련 게이머까지 폭넓게 사랑받는 '스포츠라인'으로 재현된 G36C 전동건. 실제 총기도 플라스틱이 많이 쓰인 G36과 스포츠라인의 상성은 발군으로, 리얼리티도 잘 살아 있다. G36 계통 중에서도 가장 짧은 모델인 G36C를 재현했기에 다루기도 편리하다. 초심자가 손에 넣기 쉬운 가격도 메리트.

- 중량 : 2,260g
- 장탄수 : 470발
- 가격 : 20,350엔
- 문의처 : UFC

독일이 낳은 신세대 소총

뼈대처럼 중간이 빈 강화플라스틱 개머리판. 언뜻 보기엔 불안해 보이지만, 강도는 충분하다. 접철식이며, 접은 상태에서도 사격 가능하다.

■ 사용탄약 : 5.56mm X 45탄
■ 전장 : 716mm/
500mm(개머리판 접었을 때)
■ 중량 : 2,988g
■ 장탄수 : 30발

※위 수치는 모두 G36C 기준이다.

사진은 G36의 파생형 중에서도 가장 콤팩트한 G36C를 미국의 제조사에서 복제한 T36. '복제'라고는 하지만, 독일에서 수입한 정규 부품을 다수 사용했기에 겉모습은 오리지널과 거의 다르지 않다.

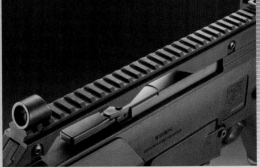

총몸 위에 설치된 장전 손잡이는 좌우 어느 쪽에서도 조작 가능. 지금은 양손 어느 쪽으로도 다룰 수 있는 총이 그리 드물지 않지만, 당시에는 상당히 선진적 설계였다.

※소개 사진 일부는 S&T 'G36C 스포츠라인'을 촬영한 것입니다.

PHOTO : SHIN

49

≫ 타볼 TAR-21

타볼(Tavor) TAR-21은 이스라엘의 총기 제조사 IWI가 이스라엘 국방군용으로 만든 돌격소총이다. 성서에 등장하는 타보르산에서 이름을 따온 이 총은 신시대, 다시 말해 21세기의 총이라는 바람을 담아 '21'이라는 번호가 붙었다.

이스라엘군에서는 그 특성 상, 기계화가 크게 진전되어 있어, 타볼은 차량 승하차 시와 시가전 등에서의 편의성을 중시하여 불펍(Bull-pup)방식이 채용된 것이 최대의 특징이다.

불펍 방식은 일반적으로 손잡이 앞에 오는 기관부를 본체 후방으로 돌려 길이 단축을 꾀하면서 동시에 총신 길이를 확보(위력과 사거리를 유지)하는 구조이다. 시계가 좋은 사막에서는 교전거리가 길어지는 경향이 있기에 그야말로 꼭 들어맞는 방식인 셈이다.

여기에 더하여 타볼은 M4의 탄창이 사용 가능하며, 조정간도 M4와 마찬가지로 권총 손잡이 위에 설치됐고, 간단한 조작으로 왼손잡이인 사수에도 대응 가능하

여, 문자 그대로 '21세기의 총'에 걸맞은 설계가 도입됐다 하겠다.

이러한 설계에 힘입어 불펍 방식이 부진한 모습을 보이는 중에도 이스라엘군 제식 소총의 자리를 굳게 지키고 있다.

TAR-21 토이건 DATA

S&T TAVOR SAR FLAT TOP 스포츠라인

가벼우면서 가격이 저렴한 '스포츠라인' 시리즈로 타볼을 재현한 전동건. 불펍다운 콤팩트한 디자인과 어우러져, 사용 편의성이 발군이다. 실총과 마찬가지로 탄창은 M4계 스탠더드 전동건의 것을 유용할 수 있기에, 범용성 또한 높다. 각종 커스터마이즈용 부품도 탑재할 수 있어서 에어건 입문에 최적이라 할 수 있는 총이다.

- ■ 중량 : 2,500g
- ■ 장탄수 : 300발
- ■ 가격 : 26,400엔
- ■ 문의처 : UFC

조정간은 M4 계열을 연상
시키는 배치. 자세를 유지
한 채로 조작 가능하기에
편리하다.

■ 사용탄약 : 5.56mm X 45탄
■ 전장 : 725mm
■ 중량 : 3,300g
■ 장탄수 : 30발

현대에는 거의 찾아보기 어
려워진 불펍 스타일의 타볼
소총. 현재는 불펍식 돌격소
총의 대표 격이라 할 수 있을
정도의 지명도를 자랑한다.

※소개 사진은 KSC의 'IWI 타볼21 가스
블로우백 건'을 촬영한 것입니다.
상품 문의처 : KSC

탄창멈치는 방아쇠 비슷한 형상으로, 탄창을 쥐고 조작한다. 불펍
방식 소총치고는 조작감이 양호하다.

51

Sub Machine Gun/
기관단총

권총용 탄을 사용하는 기관총, 이것이 기관단총이라 불리는 부류의 총기다. 사용하는 화약의 양이 적은 권총탄을 사용하기에 위력도 사거리도 돌격소총에 미치지 못하지만, 그만큼 반동이 적어 사격 제어가 쉽고, 총 자체도 짧고 가볍게 설계할 수 있어 근접전에 알맞다. 예전에는 저렴

하지만 정밀도도 낮아 '탄약 분무기'라는 측면이 강했으나, 1970년대에 등장한 HK의 MP5는 기관단총으로는 이례적으로 사격 정밀도가 높아, 이후 기관단총은 '근거리에서 사용되는 정밀도 높은 총기'라는 역할을 얻게 됐다.

이번 항목에서는 MP5를 비롯한 현대의

기관단총 중에서 특히 인기가 높은 4종을 소개하고자 한다.

≫ MP5

'권총탄을 연사할 수 있는 총'이 바로 기관단총(SMG)라고 하는 범주의 총기이다. 원래 명중률보다는 근거리에서 탄막을 펼치는 것에 중점을 둔 무기라는 인식이었으나, 1966년에 등장한 기관단총인 MP5에 와서는 '정확하게 명중시킨다'라는 요소도 실현되면서 이제까지의 개념이 뒤집혔다.

독일의 총기 제조사인 HK의 MP5는 롤러 지연 블로우백(Roller Delayed Blowback) 방식이 채용되어, 저반동(=총기 컨트롤이 쉬워짐)을 실현했고, 인체공학적인 디자인에 높은 가공 정밀도까지 어우러지면서 '외과수술처럼 정확한 사격이 가능하다'라고 평가받을 정도의 높은 명중률을 자랑했다(반면에 야전과 같은 가혹한 환경에는 맞지 않는다고도 지적을 받았다). 여기에 관통력이 낮아 주위에 2차 피해를 낼 우려가 적은 권총탄을 사용하기에 MP5는 인질이 잡히는 등의 상황이 발생한 대테러작전에 적합했다.

1977년의 루프트한자 181편 납치 사건에서는 서독의 국경경비대(현 연방경찰) 소속 특수부대 GSG 9이, 1980년의 주영 이란 대사관 점거농성 사건에서는 영국 육군 특수부대인 SAS가 각각 돌입 시에 사용, 그 뛰어난 성능을 유감없이 발휘하면서 MP5의 평가는 결정적인 것이 됐고, 이에 세계 각국의 군과 법 집행기관에서 이를 채용했다. MP5의 인기는 탄생으로부터 반세기가 지난 지금도 식지 않아, 특수부대를 상징하는 총기로 사랑받고 있다.

MP5 토이건 DATA

도쿄 마루이
차세대 전동건 MP5A5

도쿄 마루이의 차세대 전동건 시리즈 최신작 모델. 차세대 전동건 중에서는 처음으로 3점사 기능이 탑재됐으며, 재장전 시에는 실총과 마찬가지로 장전손잡이를 후퇴·고정시킨 뒤, 탄창을 결합하고, 손잡이를 탁 쳐서 노리쇠를 되돌리는 이른바 'HK 슬랩(HK slap)'이라는 동작으로 다시 사격 가능 상태로 돌릴 수 있다. 사격 성능도 대단히 높은 데다 순정 커스터마이즈 부품의 발매도 예고되어 있고, 실용성도 최고 수준이어서 많은 유저들의 손에 들려주고 싶은 에어건이다.

- ■중량 : 3,100g
- ■장탄수 : 72발
- ■가격 : 65,780엔
- ■문의처 : 도쿄 마루이

장전손잡이를 끝까지 당겨 위로 올리면 후퇴 고정된다. MP5의 재장전 절차는 좀 독특한데, 장전손잡이를 고정시킨 상태로 탄창을 결합하고 장전손잡이를 손으로 탁 쳐서 밑으로 내리면 용수철의 힘으로 전진하면서 초탄이 장전된다. 'HK 슬랩'이라 불리는 이 재장전 동작은 MP5 특유의 아이콘처럼 친숙하게 여겨지고 있다.

조준 편의성을 중시한 총열덮개. 액세서리 장착은 불가하기에, 근년 들어서는 20mm 레일이나 M-LOK 슬롯 등이 설치된 커스터마이즈 부품으로 교체하는 경우가 많이 보인다.

HK의 베스트셀러인 MP5는 커스터마이즈 부품도 매우 다양한데, 사진과 같은 플래시 라이트가 내장된 총열덮개나 조준기기 마운트 베이스는 특수부대 등에서도 널리 사용되고 있는 커스터마이즈 부품이다.

개머리판은 고정식과 신축식의 두 종류가 있는데, 사진은 신축식 개머리판이다. 가장 짧게 줄였을 때는 전장이 550mm로 상당히 콤팩트하다.

PHOTO : SHIN

- ■사용탄약 : 9mm X 19탄
- ■전장 :
  690mm(개머리판 펼쳤을 때)/
  550mm
- ■중량 : 3,100g
- ■장탄수 : 30발

※소개 사진의 일부는 도쿄 마루이의 'MP5A5 차세대 전동건'을 촬영한 것입니다.

≫ P90

P90은 벨기에의 총기 제조사인 FN 에르스탈에서 개발한 총으로, PDW라고 하는 범주에 해당하는 총기이다. PDW란 Rersonal Defence Weapon(개인 방어 화기)의 약칭으로, 차량이나 항공기 승무원 등의 호신용 소형 총기를 가리킨다. P90의 특징 중 하나가 권총탄과 소총탄의 중간에 해당하는 소구경 고속탄을 사용한다는 것인데, 저반동이면서도 일반적인 방탄조끼를 뚫을 수 있는 관통력을 지니고 있다. 이 탄약을 총몸 위쪽에 본체와 평행하게 결합되는 탄창에 수납하여 많은 장탄수를 실현했으며, 탄약이 탄창 안에서 횡방향으로 회전, 총 본체의 약실로 이동하는 구조도 대단히 독특하다(단, 신속한 탄창 교환은 좀 어렵다). 이러한 특징 때문에 특히 날이 갈수록 중무장을 하게 된 테러리스트와 대치해야 하는 각국의 대테러부대의 주목을 받게 되었으며, 실전(1997년, 페루 일본대사관 점거사건 당시의 돌입 등)에서 사용되기도 하여, 원래 목적인 호신 무장이라는 범위를 넘어 공격적인 용도로도 쓸 수 있는 총기로 평가를 받게 된 것이다.

또한 특유의 근미래적 디자인으로 각종 미디어에서도 인기를 끌게 되어, 게임 등의 단골 출연 총기 중 하나가 됐다.

P90 토이건 DATA

도쿄 마루이 전동건 스탠더드 타입 P-90

도쿄 마루이의 스탠더드 전동건 시리즈로 출시된 P-90은 그 스타일이 리얼하게 재현된 제품으로, 탄창의 탈착도 실총과 같은 과정으로 실시할 수 있다. 또한 조준기기로 도트 사이트가 표준으로 장비되어, 실사 성능도 도쿄 마루이 제품답게 우수하게 완성되어, 서바이벌 게임에서도 안정적인 작동을 보여주는 등, 초심자도 사용하기 편리한 걸작 전동건이라 할 수 있다.

- ■ 중량 : 2,200g
- ■ 장탄수 : 68발
- ■ 가격 : 32,780엔
- ■ 문의처 : 도쿄 마루이

좀 이상하게 보이는 손잡이지만 인체공학적으로 설계되어, 보기와는 달리 실제 쥐었을 때 조작과 조준이 놀랄 만큼 편리하다. 조정간은 방아쇠 아래 위치하여 콤팩트한 자세를 유지한 채 조작할 수 있다.

다른 총기와 비교해 상당히 독특한 디자인인 P90. 언뜻 봐서는 총열이 짧아 보이나, 기관부가 개머리판 안에 위치하는 불펍 방식이기에 총신 길이가 약 264mm로, 제법 긴 편이다.

독특한 형상이지만 50발이 수납되는 대용량 탄창. 외장 부품에 반투명 플라스틱을 사용, 잔탄수를 눈으로 쉽게 파악할 수 있는 것도 특징이다.

독특한 스타일에 신기술을 담은 혁신적 신무기

일반적인 총에서는 탄피가 좌우 어느 한쪽으로 배출되지만, P90은 바로 밑으로 떨어지게끔 설계됐다. 이에 따라 왼손잡이나 오른손잡이 구분 없이 사용 가능할 뿐 아니라, 스위칭(총기를 다른 손으로 바꿔 쥐는 것)에도 대응할 수 있다.

※소개 사진은 도쿄 마루이의 전동건인 'P90'을 촬영한 것입니다.

- 사용탄약 : 5.7mm X 28탄
- 전장 : 505mm
- 중량 : 2,630g
- 장탄수 : 50발

≫ KRISS Vector

크리스 벡터는 미국의 크리스 USA에서 개발한 기관단총이다. 이 총은 M1911과 톰슨 기관단총에 사용됐으며 특유의 높은 저지력으로 잘 알려진 .45ACP탄을 사용하고 있는데, 그러면서도 .45ACP의 큰 반동을 '슈퍼 V'라고 하는 기구를 통해 억제하는 것이 특징이다. 일반적인 자동 총기의 경우, 노리쇠가 전후로 움직이는데, 슈퍼 V 구조에서는 노리쇠가 아래로 움직이는 무게추(슬라이더라 불린다)와 연동되어 반동의 방향을 아래쪽으로 돌려 위로 튀어오르려는 반동을 상쇄시키는 방법으로 저반동을 실현했다. 크리스 벡터는 이러한 기구가 탑재되어 있기에, 총신이 정면에서 봤을 때, 방아쇠보다 아래에 위치한 독특한 구조(일반적으로 총신은 방아쇠보다 위에 위치한다)를 하고 있다.

이러한 특이한 구조 때문인지, 일반적인 총기의 감각에 익숙한 사수들에게는 다루기가 좀 까다롭다는 듯하며, 군이나 법 집행기관에서의 채용 실적도 한정되어 있다. 하지만, P90과 마찬가지로 근미래적인 외관은 여러 방면의 사람들에게 인기를 끌었고, 게임 등에서는 실총의 특징을 모방하여 고가에 저반동, 고성능 무기로 등장하는 경우가 많다. 활약 무대를 현실세계 밖까지 넓혔다는 의미에서도 혁신적인 총이라 할 수 있을 것이다.

크리스 벡터 토이건 DATA

KRYTEC 전동건 KRISS VECTOR

크리스 벡터의 개발사인 크리스 USA의 에어건 브랜드인 KRYTEC에서 벡터를 전동건으로 출시했다. 독특한 스타일이 완전 재현됐으며, MOSFET&전자 트리거 스위치 채용으로, 반자동의 딱딱 끊어지는 맛은 물론, 2점사도 스피디하면서 일정하게 지속 사격이 가능하다. 외관과 성능 모두 높은 완성도로, 근래 큰 인기를 끈 에어건이다.

- ■ 중량 : 2,600g
- ■ 장탄수 : 95발
- ■ 가격 : 69,080엔
- ■ 문의처 : LayLax

외견 상의 최대 특징이라 할 수 있는 커다란 탄창 수납부. 슈퍼 V 시스템은 이 수납부와 손잡이 사이에 내장되어 있다.

일반적인 기관단총과는 크게 동떨어진 구성의 크리스 벡터. 이전까지의 총기 개발 계보와는 전혀 다른 접근법을 통해 설계됐다.

개머리판은 본체 우측면으로 접힌다. 어깨 패드 부분이 단차를 두고 아래로 내려온 것은 접은 상태에서 사격할 때 탄피 배출구를 막지 않도록 하기 위함이다.

저반동과 고화력의 양립을 추구한 야심작

현대의 총기치고는 드물게 안전장치와 조정간이 따로 설치됐다. 전방(사진 오른쪽)이 조정간이며, 반자동과 완전 자동 외에 2점사 기능이 있다. 그리고 그 뒤에 있는 것은 안전장치로, 레버를 아래로 내려 빨간 마크가 보이면 안전장치가 해제됐다는 뜻이다.

- 사용탄약 : .45ACP탄
- 전장 : 616mm(개머리판 펼쳤을 때)/406mm
- 중량 : 2,500g
- 장탄수 : 30발(연장된 탄창 사용 시)

※ 소개 사진은 KRYTEC의 'KRISS VECTOR'를 촬영한 것입니다.

≫ PP-19 Bizon

PP-19 Bizon은 러시아의 방산 기업인 이즈마쉬에서 개발한 기관단총으로, '비존(Bizon)'이란 러시아어로 바이슨(들소)을 뜻한다. 이 총은 AK 시리즈의 부모라 할 수 있는 미하일 칼라시니코프의 아들인 빅토르 칼라시니코프가 설계에 참가했으며, 이러한 탄생 배경에 걸맞게 부품의 구성이나 조작계가 AK 시리즈와 같다.

가장 큰 특징적 요소로 총신과 평행하게 부착된 연통형의 탄창을 들 수 있는데, 이러한 방식의 탄창은 헬리컬 탄창(Helical Magazine)이라 부르며, 탄약이 나선모양으로 수납되기에 많은 장탄수(9mmX18 마카로프탄 기준 64발)를 자랑하며, 엎드려 쏴 자세를 취해도 거추장스럽지 않다는 이점이 있다.

이런 특징적인 외견에 더해 기관단총으로서는 이례적일 정도로 많은 장탄수라는 알기 쉬운 장점으로 인해 게임 작품에서의 등장 빈도가 높은 총기이기도 하다. 덕분에 많은 작품에서 기관단총다운 편의성과 압도적인 화력으로 활약하고 있다.

Bizon 토이건 DATA

S&T
PP-19 BIZON 전동건

S&T에서 전동건으로 재현한 BIZON은 본체가 금속으로, 그리고 특징적인 탄창은 플라스틱으로 재현됐다. 기관단총답게 가벼워 다루기 편한 데다 탄창은 160발이나 되는 장탄수를 자랑하면서도 스프링 급탄식으로 급탄 불량이 좀처럼 발생하지 않는다. 독특한 총으로 활약하고픈 유저에게 특히 추천하는 총이다.

- 중량 : 1,600g
- 장탄수 : 160발
- 가격 : 36,080엔
- 문의처 : UFC

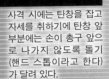

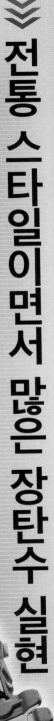

전통 스타일이면서 많은 장탄수 실현

언뜻 보더라도 쉽게 잊기 어려운 스타일의 Bizon. 하지만 그 설계는 AK 시리즈에 기반한 것이기에 여기에 익숙한 사수라면 무리 없이 다룰 수 있다.

사격 시에는 탄창을 잡고 자세를 취하기에 탄창 앞부분에는 손이 총구 앞으로 나가지 않도록 돌기(핸드 스톱이라고 한다)가 달려 있다.

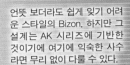

개머리판을 접을 수는 있으나, 탄창을 결합한 상태에서는 탄창 두께 문제로 인해 고정할 수 없다. 이 기능은 어디까지나 탄창을 결합하지 않은 상태에서의 휴대 편의를 위한 것이라 봐야 할 것이다.

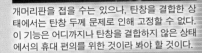

탄창이 결합된 총의 앞부분이 눈길을 끌기는 하지만, 장전 손잡이나 조정간 등의 디자인은 AK의 모습 그대로다.

■사용탄약 : 9mm X 18 마카로프탄 외
■전장 : 660mm(개머리판 펼쳤을 때)/425mm
■중량 : 2,470g
■장탄수 : 64발
(9mm X 18 마카로프탄의 경우)

※소개 사진은 AVENGER 'PP-19 BIZON 스포츠라인'을 촬영한 것입니다.
상품문의처 : UFC

6

SniperRifle/
저격소총

문자 그대로 스나이퍼—저격수—가 사용하도록 만들어진 것이 바로 저격소총이다. 사거리와 정밀도를 가장 우선한 설계로 만들어지며, 비교적 구경이 큰 탄약을 사용한다.

기본은 'One Shot, One Kill', 즉 일격필중이기에 연사성은 그리 중요하게 생각하지 않으며, 한때는 볼트액션(수동으로 1발씩 탄피 배출과 장전을 실시하는 구조)의 총기가 대부분이었지만, 근래에는 다수의 적을 상대해야 하는 등, 어느 정도의 연사 능력을 갖춰야 하는 국면도 늘고 있어, 반자동 사격이 가능한 저격소총도 많이 찾아볼 수 있게 됐다.

이번 항목에서는 볼트액션과 반자동 구분 없이 저격소총 중에서도 지명도가 높은 5종을 소개하고자 한다.

≫ M700

M700은 미국 레밍턴사에서 1962년에 개발한 이래, 현재까지 전 세계에서 사용되고 있는 근대 볼트액션 소총의 대명사라 할 수 있는 총이다. 볼트액션 방식은 심플한 구조이며 견고하고, 정밀도를 높이기 유리하다는 것이 특징인데, M700은 그중에서도 특히 우수한 볼트액션 소총으로, 민간 시장에서는 수렵이나 사격경기 등에서 인기를 끌었으며, 각국의 군이나 법 집행기관에서는 저격소총으로 채용됐다. 대표적인 예로는 미 해병대에서 채용한 M40, 미 육군과 일본 육상자위대에 채용된 M24 SWS, 법 집행기관용으로 개발된 M700P 등의 파생형이 있

으며, 현재도 계속 개량이 이뤄지고 있다.

저격소총의 베스트셀러라는 입지 덕에 액션 영화나 드라마 등의 미디어에 노출되는 일도 많으며, 이름은 잘 모르더라도 이 총의 모습을 본 적이 있다는 사람도 많다. 또한 일본의 경우, 수렵이나 사격경기용으로 소지 허가증을 취득할 수 있기에 이러한 의미에서도 제법 익숙한 사람이 많은 총이라 할 수 있을 것이다.

근년 들어서는 연사 성능을 요구하는 상황도 많기에 반자동 저격소총과 함께 쓰이게 됐지만, 그럼에도 M700 시리즈의 높은 정밀도와 신뢰성은 대체하기 어렵기에 저격소총의 대표격으로 자리잡고

있다.

M700 토이건 DATA

다나카
M700 폴리스 AIR

다나카의 M700은 리얼한 외관뿐 아니라, 높은 실용성까지 실현했다는 점이 놓칠 수 없는 포인트. 코킹(Cocking)은 쇼트 스트로크(당기는 거리가 짧음) 방식으로 되어 있어, 최저한의 조작으로, 신속한 연사가 가능하다. 물론 정밀도도 매우 높으며, 장탄수도 27발로 에어코킹건으로서는 필요충분한 양이다. 조준경과 양각대를 부착하면 진짜 저격수가 된 기분을 맛볼 수 있다.

- ■중량 : 3,100g
- ■장탄수 : 27발
- ■가격 : 47,300엔
- ■문의처 : 다나카

반세기 이상 활약해온 저격소총의 대명사

손잡이와 일체화된 대형 개머리판. 이런 방식의 개머리판은 역사가 오래됐으나, 현대에도 채용될 만큼의 실용성은 유지되고 있다.

각종 미디어에 출연할 기회가 많아, 저격소총의 대표라고 할 수 있는 존재다. 실제로도 이름은 몰라도 어디선가 본 기억이 있는 분들은 제법 많을 것이다.

총신 아래에는 스위벨이 있어, 여기를 통해 슬링이나 양각대를 부착할 수 있다.

마운트레일 연결부 쪽을 통해 보이는 은색 부분은 노리쇠. 뒤쪽에 있는 장전손잡이를 위로 올린 뒤, 뒤로 당겨 빈 탄피를 배출하고, 다시 밀어 넣으면서 차탄을 장전하게 된다.

(수치는 M24 SWS의 것)
- 사용탄약 : 7.62mm X 51탄, .300 윈체스터 매그넘탄 등
- 전장 : 1,092mm
- 중량 : 4,400g
- 장탄수 :
5발(고정 탄창)/
10발(탈착식 탄창)

※소개 사진은 다나카의 'M700 폴리스 AIR'를 촬영한 것입니다.

65

≫ M82

M82는 미국의 바렛 파이어암즈에서 생산하는 대형 저격소총이다. 저격소총 중에서도 차량이나 항공기 등의 목표를 대상으로 한 '대물 저격총(Anti-materiel Rifle)'으로 설계되어, M2 중기관총에도 사용되는 대구경 12.7mmX99 NATO탄을 사용하는데, 경장갑차량(소총탄 방호 가능) 정도라면 관통 가능한 위력을 지니고 있어, 유효사거리는 무려 2,000m나 된다. 각국의 군이나 법 집행기관에 채용되어, 차량이나 건물의 파괴 외에 원거리 대인

저격이나 항공기의 유리창 너머에 있는 납치범 저격 등의 용도로도 사용되고 있다.
이처럼 고위력에 사거리까지 긴 총이라면 반동 또한 상당할 것으로 생각되지만, 쇼트 리코일식 작동 방식(사격 시에 총신이 후퇴하여 반동을 흡수)과 총구에 장착된 대형 총구제동기(Muzzle Brake) 덕분에 의외로 반동이 적은 편이며, 숙련된 사수라며 총대를 허리에 댄 지향사격자세로도 사격이 가능하다. 또한 총신과 본체는 간단히 분리할 수 있는 등, 운반 편의성도

고려되어 있다.
참고로 이 총은 사실, 미국에서는 스포츠 사격용으로 민간인도 소지가 가능하다. 여러 의미에서 규격 외의 호쾌한 총기라 하겠다.

M82 토이건 DATA

SNOW WOLF
바렛 M82A1 에어코킹
라이선스 각인 버전

중후한 풀 메탈 바디에 리얼한 외관은 압도적인 존재감을 자랑하며, 3-9배율 망원조준경이 부속됐으며, 실린더는 쇼트 스트로크로 부드럽게 당길 수 있다. 존재감 발군인 외견과는 반대로 발사음은 대단히 조용하므로, 저격에 적합하다고도 할 수 있을 것이다. 크고 무겁기에 휴대성은 떨어지지만, 이를 감수하고도 남을 정도로 사나이다움이 넘치는 총이다.

- ■중량 : 5,740g
- ■장탄수 : 70발
- ■가격 : 오픈
- ■문의처 : 킨와(KINWA)

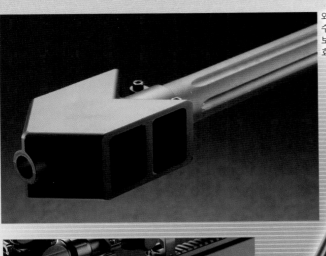

외관 상의 최대 특징이라 할 수 있는 대형 총구제동기. 보기보다 상당한 반동 경감 효과가 있다.

긴 총신과 커다란 총구제동기는 전차포를 연상시킨다. 하지만 이런 요란해 보이는 인상과는 달리 각 부품의 구조는 대단히 심플하다.

사용탄이 거대하기에 탄피 배출구도 그에 맞게 대형화되어 있다. 총몸은 단순하면서 기능적인 디자인이다.

지향사격도 가능하다고 는 하지만, 명중률을 높 이기 위해서는 엎드려 쏘는 것이 효과적이다. 안정된 사격을 위해 대 형 양각대가 달려 있다.

- 사용탄약 : 12.7mm X 99탄
- 전장 : 1,448mm
- 중량 : 14,800g
- 장탄수 : 10발

※ 소 개 사 진 은 SNOW WOLF의 '바 렛 M82A1 에어코킹 라이선스 각인 버전' 을 촬영한 것입니다.

≫ SVD

SVD는 소련에서 개발된 반자동 저격소총으로, 설계자인 예프게니 드라구노프의 이름에서 유래한 '드라구노프'라는 이름으로도 불린다.

이 총은 '저격소총'이라고는 하지만, '풀숲에 숨어 먼 곳의 적을 쏜다'라는 식의 운용보다는 보병 분대에 1정씩 선발 사수에게 지급되어, 돌격소총으로는 노리기 어려운 위치나 거리의 적에 대응하는 것을 염두에 두고 있는 소총이다. 흔히 말하는 '지정사수소총'과 같은 운용방식에 해당

하며, 이 때문에 정밀 사격보다는 연사성능이 좀 더 중시되어 반자동 방식이 채택됐다.

목제 개머리판과 총몸 디자인은 AK 시리즈를 연상시키지만, 설계 당시 AK를 참고했을 뿐, 부품의 호환성은 전무하다.

현재도 개량형이 러시아군에서 사용되고 있으며, 불펍 방식으로 전체 길이를 줄인 SVU, 마운트 레일과 양각대를 장비하는 등의 근대화가 이뤄진 SVDM 등의 여러 파생형이 존재한다. 이런 식의 진화

가 이뤄진 덕에 탄생으로부터 60년이 지난 지금도 러시아를 대표하는 저격소총으로 자리잡고 있다.

SVD 토이건 DATA

A&K
메탈 전동건 드라구노프 SVD
리얼 우드스톡 버전
스코프 세트

A&K의 SVD 전동건은 총몸과 총열 등의 주요 부분이 금속제이며, 리얼 우드스톡 버전은 여기에 더해 개머리판과 총열덮개에 나무를 사용하여 한층 실물감을 살린 제품이다. 내부 작동 기구는 전용품으로, 실총과는 달리 자동 사격도 가능. AK 전용 조준경도 사이드 레일을 통해 장착 가능하므로 본격적인 러시아 저격수의 분위기를 연출할 수도 있어, 게임 코스튬 플레이에도 어울리는 전동건이다.

- ■ 중량 : 4,000g
- ■ 장탄수 : 180발
- ■ 가격 : 63,800엔
- ■ 문의처 : 글로벌 트레이딩

구 소련에서 태어나 공산진영을 대표하는 걸작 저격소총

조정간 등의 조작계는 AK 시리즈에 준한 것이지만, 각 부품은 전용 설계이기에 호환성은 전무하다.

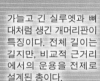

■ 사용탄약 :
7.62mm X 54R탄
■ 전장 : 1,220mm
■ 중량 : 4,500g
■ 장탄수 : 10발

총몸 좌측면의 마운트를 통해 전용 조준경을 장착할 수 있다. 장착 위치 문제로 조준경은 약간 왼쪽으로 치우친 위치에 부착된다.

가늘고 긴 실루엣과 뼈대처럼 생긴 개머리판이 특징이다. 전체 길이는 길지만, 비교적 근거리에서의 운용을 전제로 설계된 총이다.

뼈대처럼 가운데가 크게 파인 개머리판. 윗면에는 전용 칙 피스를 장착할 수 있다.

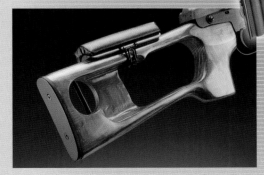

※소개 사진은 A&K의 '메탈 전동건 드라구노프 SVD 리얼 우드스톡 버전 스코프 세트'를 촬영한 것입니다.

SR-25는 미국의 총기 제조사인 나이츠 아머먼트에서 개발한 반자동 저격소총이다. 명칭의 'SR'은 저격소총을 뜻하는 'Sniper Rifle'의 약칭처럼 보이지만, 실제로는 M16(AR15) 자동소총의 설계자이며, 이 총의 설계에도 관여한 유진 스토너의 이름을 딴 '스토너 라이플(Stoner Rifle)'의 약칭이다.

작동 기구는 미군의 제식 소총인 M16/M4의 룽만(Ljungman)방식(발사 시의 연소 가스를 직접 노리쇠에 분사해 작동시

키는 구조)을 답습했으며, M14나 M24 SWS 등에 사용되는 7.62mmX51탄을 사용한다. 조작계통도 M16/M4와 거의 같으며, 일부 부품은 공용 가능하기에, M16/M4에 익숙한 사수가 적응하기 쉽다는 이점이 있다.

성능 면에서도 높게 평가받고 있으며, 총열 덮개가 총열에 접촉하지 않는 프리 플로팅 배럴 구조가 채용되어, 반자동 소총임에도 뛰어난 명중률을 자랑한다. 물론 볼트액션 저격소총에는 조금 못 미치는

성능이지만, 반자동 소총 특유의 연사 성능이나 높은 확장성이 다양화되는 현대전 수요에 맞았기에 미 해군 및 해병대에서 이 총을 Mk.11이라는 이름으로, 육군에서는 발전 모델에 M110이라는 명칭을 붙여 채용했다.

SR-25 토이건 DATA

G&G 아머먼트 SR25 E2 APC M-LOK 전동건

G&G 아머먼트가 나이츠 아머먼트와 정식으로 계약을 맺고 SR-25를 재현한 전동건. 총몸에는 나이츠 아머먼트의 각인이 재현됐으며, 잔탄이 0이 되면 자동으로 작동이 멈추는 기능도 탑재되는 등, 최고의 리얼리티를 자랑하고 있다. 총열덮개는 M-LOK에 대응하는 신형으로, 가벼우면서도 각종 액세서리를 탑재할 수 있다. 사격 성능도 상당히 우수한데, 저격소총으로의 운용에도 충분 이상으로 잘 견뎌낼 수 있는 걸작이다.

- ■중량 : 3,275g
- ■장탄수 : 100발
- ■가격 : 오픈
- ■문의처 : 화이트 하우스

차세대 저격소총의 선구자

M16의 설계를 이어받은

■ 사용탄약 : 7.62mm X 51탄
■ 전장 : 1,105mm
(개머리판 펼쳤을 때)/
1,010mm
■ 중량 : 4,800g
■ 장탄수 : 20발

탄창 삽입구 측면에는
SR 시리즈의 정식 명칭
인 'STONER RIFLE'이라
는 각인이 새겨졌다. 사용
탄이 대형화되면서 탄창
삽입구도 같이 커졌다.

외견은 M16 계열을
쏙 닮았다. 대구경탄
을 사용하게 되면서
대형화된 탄창이 가
장 알기 쉬운 차이점.

M4 계통과 달리, 사격 모드는
반자동뿐으로, 조정간도 안
전/반자동 표시밖에 없다. 노
리쇠 전진기가 생략된 외에
각종 조작 레버의 디자인도
다르다.

개머리판은 M4 계열과 같
은 것을 달 수 있다. 신축
기능도 그대로 사용 가능.

71

Mk.14 EBR은 일찍이 미군의 제식 소총이었던 M14를 근대화 개수하여 다시 미군이 채용한 전투소총이다. M14는 제2차 세계대전 당시 활약했던 M1 개런드 소총의 개량형으로 설계됐는데, 후에 NATO의 공용탄으로 채용되는 7.62mmX51탄을 사용하여 반자동/자동 사격이 가능한 자동소총으로 1957년에 미군 제식 소총으로 채용됐지만, 실전 투입된 베트남 전쟁에서는 취급이 불편하고 반동이 크다는 점이 근접전이 되기 쉬운 정글전에서 단점으로 작용해, 비교적 일찍 제식 소총의 자리를 M16에 물려주게 됐다.

이후, M14에 망원조준경을 부착하여 저격소총으로 개수한 M21이 육군에서 한동안 사용되기도 했으나, 보다 정밀한 M24 SWS가 채용되면서 사라졌다. 하지만, 2001년의 동시 다발 테러 사건 이후, 아프가니스탄과 이라크에서의 대테러전 과정에서 교전거리(사막 및 산악지대)가 길어지면서 사거리가 길고 위력이 강한 M14가 재평가를 받게 됐고, M14에 신축식 개머리판과 알루미늄 총몸, 레일 시스템을 탑재, 근대화 개수를 실시한 Mk.14 EBR(Enhanced Battle Rifle)이 미 해군 특수부대인 SEALs에 채용된 후, 해안경비대와 육군에도 채용됐는데, 이 총은 망원조준경을 부착하고, 저격도 가능한 '지정사수소총'으로 운용되고 있다.

Mk.14 EBR은 특유의 외형을 비롯, 마니아들의 심미안을 자극하는 부분이 많아, 각종 미디어에도 등장 기회가 많은 총기 중 하나이다. 게임에서는 M14를 커스터마이즈하는 것으로 Mk.14로 개수 가능한 것으로 나오는 경우도 있어, 실제 역사를 아는 사람이라면 환호하지 않을 수 없을 것이다.

Mk.14 EBR 토이건 DATA

CYMA M14 EBR Mod.1 전동건 블랙

Mk.14 EBR은 토이건으로도 인기 있는 기종이다. CYMA에서 전동건으로 재현한 Mk.14 Mod.1은 실총의 복잡한 디자인을 충실하게 재현하고 있는 데 그치지 않고 야무지며 튼튼하다는 것이 느껴진다. 각 부위의 레일 마운트에는 당연하게도 망원조준경이나 기타 액세서리를 장착할 수 있으며, M4 스타일의 신축식 개머리판 내부에는 배터리가 수납된다. 저격소총으로는 물론이고 400발이라는 장탄수와 완전 자동 사격 기능을 살려 기관총처럼 운용할 수도 있어, 겉보기와 다른 범용성을 지닌 숙련자용 모델이라 하겠다.

- ■ 중량 : 4,200g
- ■ 장탄수 : 400발
- ■ 가격 : 57,200엔
- ■ 문의처 : UFC

미군에 다시 채용된 개수형 소총

기관부는 그대로면서 총열덮개나 권총손잡이, 개머리판 등을 커스터마이즈하여 근대화(오래된 총기를 현대의 규격이나 용도에 맞춰 개수하는 일)시켰다. 때문에 다른 총기에서는 볼 수 없는 독특한 스타일을 보인다.

총열덮개에는 상하좌우 4면에 20mm 레일이 설치됐다. 뭔가 울퉁불퉁한 스타일이지만, 조준 자세 등을 고려하여 손으로 잡게 되는 뒷부분에 플라스틱 커버를 달 수 있도록 되어 있다.

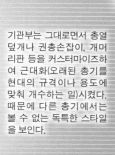

개머리판 일체형 손잡이를 사용하던 원래의 M14와 달리, 권총손잡이가 장비됐다.

원형 모델인 M14. 2차 대전 당시에 활약한 M1 개런드의 흐름을 이어받은 만큼, 고풍스런 인상을 주는 디자인이다. Mk.14 EBR과 비교하면 공통점을 찾기가 어려울 정도로 대담한 개수가 이뤄졌음을 알 수 있다.

- ■ 사용탄약 : 7.62mm X 51탄
- ■ 전장 : 889mm
- ■ 중량 : 5,100g
- ■ 장탄수 : 20발

※ 소개 사진은 CMYA의 'M14 EBR Mod.1 전동건 블랙'을 촬영한 것입니다.

ShotGun/산탄총

대량의 작은 탄을 한 번에 날리는 산탄총. 산탄총의 역사는 오래됐는데, 현대의 산탄총에 가까운 총들이 이미 서부극 시대부터 사용되고 있었을 정도이다. 넓은 범위로 퍼지는 산탄의 특성 상, 면에 주는 대미지가 크고, 이동하는 표적을 맞추기도 수월해서 수렵이나 클레이 사격 등에

도 사용된다.

산탄총은 산탄 이외에도 단발식으로 곰과 같은 대형의 동물을 사냥하는 데 사용되는 슬러그탄, 비살상 고무탄이나 최루탄 등, 여러 탄종을 용도에 따라 쓸 수 있다는 특징이 있으며, 펌프액션식이 주류이긴 하지만 반자동이나 완전 자동 사격이

가능한 모델도 존재한다.

이번 항목에서는 펌프액션과 반자동, 그리고 자동 산탄총의 대표격이라 할 수 있는 모델을 각 1종씩 소개하고자 한다.

>> M870

미국 레밍턴 암즈의 M870은 펌프액션식 산탄총 최고의 베스트셀러로 잘 알려진 총이다. 펌프액션이란 총신 아래의 손잡이(포어그립 또는 포어엔드라 한다)를 1발 쏠 때마다 앞뒤로 움직여 장전과 배출을 실시하는 수동 장전방식을 가리킨다.

1960년대에 등장한 M870은 수렵용 산탄총으로 인기를 끌었고, 군이나 법 집행기관에도 채용되면서 전 세계로 그 무대를 넓혔다. 이후, 현재까지 군·경과 민간을 가리지 않고 많은 이들의 사랑을 받고

있다.

이렇게 뿌리 깊은 인기를 누리고 있는 이유로는 대단히 견고한 구조와 여기서 기인한 높은 신뢰성을 들 수 있는데, 원래 펌프액션 산탄총은 심플한 구조로 작동도 안정적이지만, M870은 총몸 제작에 절삭 가공을 선택, 다양한 파생형이 나왔으며, 사용자 수도 많아, 다양한 커스터마이즈용 부품이 존재하기에 확장성도 높아 특수부대에 채용되는 일도 많았다.

이런 높은 지명도에 더해 펌프액션 특유

의 멋이 화면으로 멋지게 보였기 때문일까, 액션 영화에 자주 등장했다. 참고로 일본의 경우, 수렵이나 사격경기용으로 소지허가를 신청할 수 있다.

M870 토이건 DATA

도쿄 마루이 가스 샷건 M870 우드스톡 타입

도쿄 마루이의 M870 가스 샷건은 리얼하면서도 중후한 모습을 재현했으며, 3발 동시 발사와 6발 동시 발사로 모드 선택이 가능하다. 장전 동작도 에어코킹 방식 산탄총보다 가볍기에 장기전으로 가더라도 안정적인 사격이 가능하다. 서바이벌 게임에서의 주무장으로도 최적인 걸작이라 하겠다.

- 중량 : 2,660g
- 장탄수 : 30발
- 가격 : 38,280엔
- 문의처 : 도쿄 마루이

세계에서 사랑받는 정통파 산탄총

산탄의 특성 상, 비드식 가늠자가 달려 있는데, 정밀 사격보다는 대략적으로 노리고 쏘는 산탄총 특유의 사격 방식에 잘 맞는다.

온몸으로 산탄총이라는 것을 웅변하는 스타일의 외견. 영화 등에도 빈번하게 등장한다.

1발 쏠 때마다 포어엔드를 후퇴·전진시켜 배출과 재장전을 실시한다. 탄약은 포어엔드로 감싸인 금속 파이프(튜브 매거진, 관형탄창이라 한다)에 장전된다.

기본 스타일은 개머리판 일체형 손잡이가 장비된다. 법 집행기관 등에서는 권총손잡이로 교체하는 일도 많다.

※소개 사진은 도쿄 마루이의 'M870 우드스톡 타입 가스 샷건'을 촬영한 것입니다.

■사용탄약 : 12게이지 외
■전장 : 1,232mm(모델에 따라 다름)
■중량 : 3,400g(모델에 따라 다름)
■장탄수 : 4발(모델에 따라 다름)

≫ M4 슈퍼 90

베넬리 M4는 이탈리아의 베넬리에서 개발, 현재는 같은 회사의 총기제조부문이 독립한 베넬리 아미 SpA와 미국 법인이 독립한 베넬리 USA에서 생산되고 있는 반자동 산탄총이다.

이 총은 고성능 반자동 산탄총으로 정평이 난 베넬리가 미군의 요청을 받아 개발한 것이다. 베넬리의 대표 모델이었던 M1(반자동)과 M3(반자동+펌프액션)은 발사할 때의 반동을 이용한 작동시스템(Inertia-driven action system)을 채용했으나, 견착을 확실히 하지 못해 반동을 제대로 받아내지 못하면 발사 후 다음 탄의 장전이 원활하지 않을 수 있다는 문제로, M4부터는 돌격소총 등에서 볼 수 있는 가스압 작동방식(발사 시에 발생하는 연소가스를 이용하여 작동)으로 변경됐다. 이를 통해 작동 신뢰성을 향상시키는 한편으로 마운트 레일과 신축식 개머리판 등을 표준 장비하면서 M1014라는 이름으로 미군 제식 채용에 성공했다. 이후 각국의 군과 법 집행기관 등에 차례차례 채용된 외에 민간에서도 스포츠 사격이나 호신용으로 인기를 끌면서 다수의 파생형이 만들어졌다.

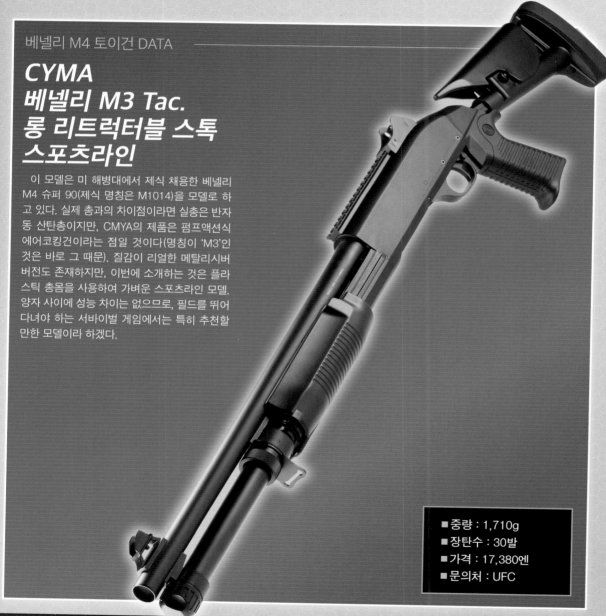

베넬리 M4 토이건 DATA

CYMA
베넬리 M3 Tac.
롱 리트럭터블 스톡
스포츠라인

이 모델은 미 해병대에서 제식 채용한 베넬리 M4 슈퍼 90(제식 명칭은 M1014)을 모델로 하고 있다. 실제 총과의 차이점이라면 실총은 반자동 산탄총이지만, CMYA의 제품은 펌프액션식 에어코킹건이라는 점일 것이다(명칭이 'M3'인 것은 바로 그 때문). 질감이 리얼한 메탈리시버 버전도 존재하지만, 이번에 소개하는 것은 플라스틱 총몸을 사용하여 가벼운 스포츠라인 모델. 양자 사이에 성능 차이는 없으므로, 필드를 뛰어다녀야 하는 서바이벌 게임에서는 특히 추천할 만한 모델이라 하겠다.

- ■중량 : 1,710g
- ■장탄수 : 30발
- ■가격 : 17,380엔
- ■문의처 : UFC

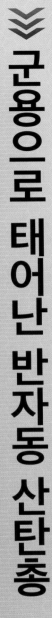

군용으로 태어난 반자동 산탄총

신축식 개머리판의 채용으로, 한층 취급성이 향상됐다. 이런 부분에서도 군용 총기다움이 느껴진다.

언뜻 보기엔 펌프액션식으로 보이지만, 장전은 탄피배출구에 있는 장전 손잡이를 통해 실시된다. 탄약은 M870과 마찬가지로 관형 탄창에 장전된다.

※소개 사진은 CYMA의 '베넬리 M3 Tac. 롱 리트럭터블 스톡 스포츠라인'을 촬영한 것입니다.

- ■사용탄약 : 12게이지
- ■전장 : 1,005mm(개머리판 펼쳤을 때)/886mm(모델에 따라 다름)
- ■중량 : 3,820g(모델에 따라 다름)
- ■장탄수 : 7발(모델에 따라 다름)

처음부터 군용으로 설계된 만큼, 마운트레일도 표준으로 장비되어 있다. 가늠자도 돌격소총과 마찬가지로 핍 사이트 방식.

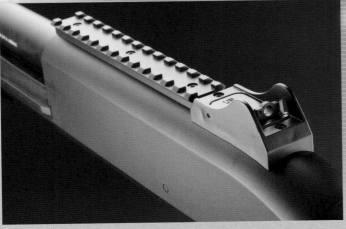

AA-12

AA-12는 미국의 밀리터리 폴리스 시스템(MPS)에서 생산하는 대형 산탄총으로 'AA'는 'Auto Assault'의 약칭이다.

이 총의 가장 큰 특징은 산탄총이면서 완전 자동 사격이 가능하다는 점일 것이다. 일반적으로 산탄총 하면 펌프액션이나 반자동이 주류인데, AA-12는 전용 드럼 탄창을 사용할 경우 32발이나 되는 산탄 또는 슬러그탄을 단번에 발사할 수 있는, 대단히 호쾌한 총이다.

하지만, 이렇게 호쾌한 인상과는 달리 사격 시의 반동이 놀랄 만큼 적다. 이것은 'Constant-Recoil Action'이라 하여 다른 총기에 비해 압도적으로 긴 복좌 스프링(사격 시의 반동을 받아주는 스프링)을 통해 실현한 것인데, 이러한 저반동은 완전 자동 총기이기에 실현할 수 있었던 것이라고도 할 수 있을 것이다(일반적으로 이러한 복좌 스프링은 반자동/자동 총기에 사용된다). 권총손잡이와 개머리판이 일체화된 본체 외장은 플라스틱이며, 내부 작동구조와 총신, 가늠쇠 등의 금속 부품은 스테인리스를 많이 사용하여 우수한 정비성을 확보했다. 밋밋해 보이는 외관과는 딴판으로 내부 구조를 살펴보면 대단히 정밀한 설계로 만들어진 총임을 알 수 있을 것이다.

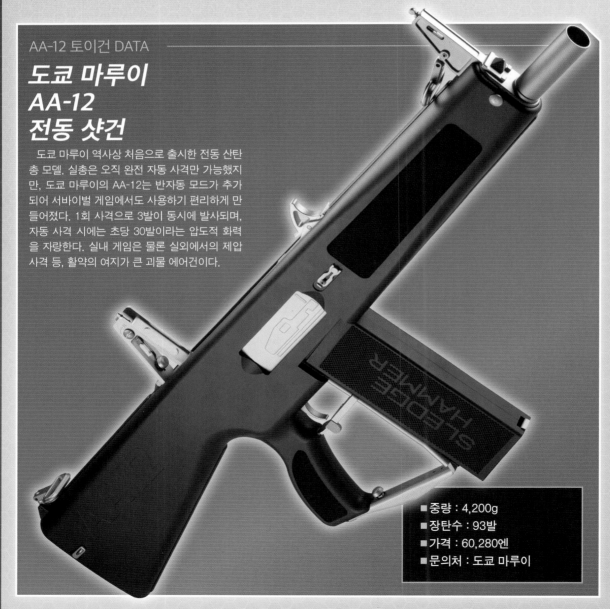

AA-12 토이건 DATA

도쿄 마루이 *AA-12* 전동 샷건

도쿄 마루이 역사상 처음으로 출시한 전동 산탄총 모델. 실총은 오직 완전 자동 사격만 가능했지만, 도쿄 마루이의 AA-12는 반자동 모드가 추가되어 서바이벌 게임에서도 사용하기 편리하게 만들어졌다. 1회 사격으로 3발이 동시에 발사되며, 자동 사격 시에는 초당 30발이라는 압도적 화력을 자랑한다. 실내 게임은 물론 실외에서의 제압 사격 등, 활약의 여지가 큰 괴물 에어건이다.

- 중량 : 4,200g
- 장탄수 : 93발
- 가격 : 60,280엔
- 문의처 : 도쿄 마루이

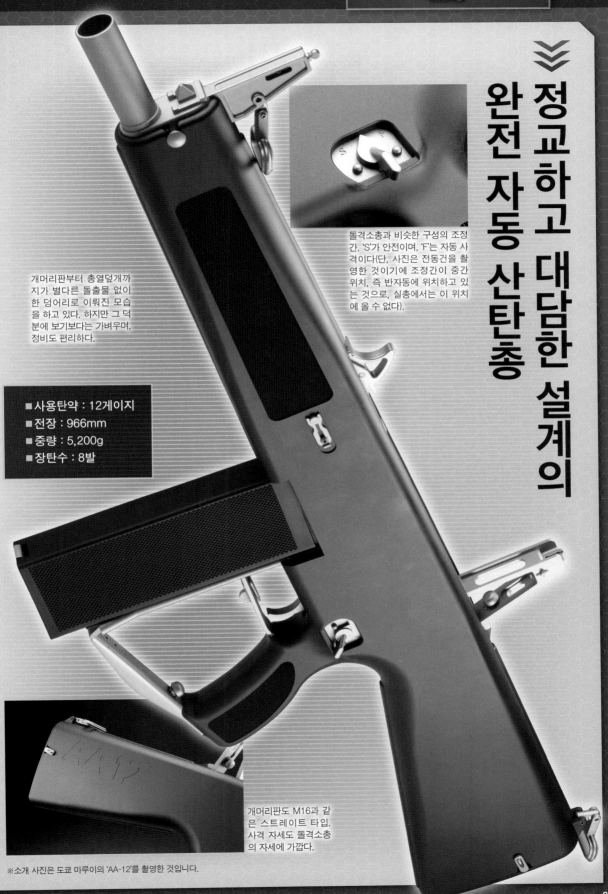

정교하고 대담한 설계의 완전 자동 산탄총

개머리판부터 총열덮개까지가 별다른 돌출물 없이 한 덩어리로 이뤄진 모습을 하고 있다. 하지만 그 덕분에 보기보다는 가벼우며, 정비도 편리하다.

돌격소총과 비슷한 구성의 조정간. 'S'가 안전이며, 'F'는 자동 사격이다(단, 사진은 전동건을 촬영한 것이기에 조정간이 중간 위치, 즉 반자동에 위치하고 있는 것으로, 실총에서는 이 위치에 올 수 없다).

- ■ 사용탄약 : 12게이지
- ■ 전장 : 966mm
- ■ 중량 : 5,200g
- ■ 장탄수 : 8발

개머리판도 M16과 같은 스트레이트 타입. 사격 자세도 돌격소총의 자세에 가깝다.

※소개 사진은 도쿄 마루이의 'AA-12'를 촬영한 것입니다.

대량의 탄을 연사할 수 있는 기관총 중에서도 지면에 설치하지 않고, 혼자서 운반하여 사격할 수 있는 것을 경기관총이라 한다. 중기관총이라 불리는 대구경 기관총이 양각대나 삼각대에 거치되어 거점 방어 등에 사용되는 것과 달리 경기관총은 부대지원화기라고도 불리는 바와 같이

보병부대에 일정 수량이 배치되어 제압사격(적의 발을 묶기 위해 실시되는 단속적인 사격)을 실시하여 보병에게 화력지원을 해주는 등, 공격적, 또는 방어적 용도로 사용된다.

돌격소총과 같은 탄약을 사용하기에 위력은 중기관총에 미치지 못하지만, 그만

큰 반동 제어가 용이하며, 같은 부대 내에서 탄약 조달이 가능하기에 운용에 있어 큰 이점이 있다.

이번 항목에서는 현대 경기관총의 대표격인 미니미 경기관총을 소개하고자 한다.

Light Machine Gun/
경기관총

PHOTO : SHIN

≫ 미니미

미니미는 벨기에의 FN 에르스탈에서 개발한 경기관총으로, 미니미라는 이름은 'Mini mitrailleuse(소형 기관총)'라는 프랑스어의 줄임말이다.

미니미는 가볍고 취급이 편리하다는 점이 가장 큰 특징인 경기관총인데, 같은 회사의 이전 모델인 FN MAG 기관총이 약 12kg에 달하는 중량이었던 것에 비해 미니미가 약 7kg에 불과한 것을 보면 대폭적인 경량화가 실현됐다는 것을 알 수 있다. 사용탄약도 대구경인 7.62mmX51탄

에서 한 사이즈 작은 5.56mmX45탄으로 변경됐는데, 이것은 당시에 M16 등과 같이 5.56mm탄을 사용하는 소구경 소총이 새로운 주류로 올라왔기 때문으로, 실제로도 M16용 소총용 탄창을 사용할 수 있도록 설계됐다(단, 급탄 불량 등의 우려가 있어 긴급용으로 한정된다).

개발 당시, 미군은 보병 분대에 지급할 새로운 기관총으로 분대지원화기라 하여 제식 돌격소총과 탄약과 부품을 공유할 수 있으며, 기동력을 해치지 않는 새로운

범주를 개척하던 중으로, 미니미는 이러한 용도에 안성맞춤인 총기였다. 덕분에 미군의 경합에서 승리한 미니미는 M249라는 이름으로 제식 채용됐고, 이외 국가의 군에서도 속속 그 입지를 넓혀갔다. 일본의 경우에도 스미토모 중공업에서 면허 생산을 실시, 자위대에 납품하고 있어, 현지 언론에 자주 등장하곤 했다.

미니미 토이건 DATA

S&T M249 SAW
BK 스포츠라인 전동건 BOX 매거진

이제까지의 LMG 타입 에어건의 상식을 깨고, 한 손으로도 편하게 다룰 수 있을 정도로 가벼우면서 합리적인 가격의 S&T의 M249 스포츠라인 전동건 시리즈로 출시된 것이 바로 대망의 박스 매거진 사양이다. 장탄수가 2,000발에 달하면서 사운드 컨트롤 기능이 달린 탄창을 통해 압도적 탄막을 펼칠 수 있으면서도 본체 무게가 가벼워 필드를 뛰어다니며 연사할 수도 있는, 그야말로 호쾌함과 실용성을 겸비한 우수한 에어건이다.

- ■중량 : 3,560g
- ■장탄수 : 2,000발
- ■가격 : 40,700엔
- ■문의처 : UFC

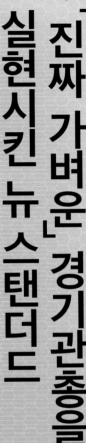

「진짜 가벼운」 경기관총을 실현시킨 뉴 스탠더드

총열덮개 윗면에는 방열구가 뚫려 있으며, 총신과 총몸 접속부에는 운반용 손잡이가 달려 있다.

총몸 하부의 마운트에 박스형 탄창을 결합하고, 상부의 커버를 열어 탄띠로 이어진 탄약을 직접 장전할 수 있다. 가운데의 비스듬히 아래로 열린 삽입구에는 M16용 탄창을 끼울 수 있다.

- ■ 사용탄약 : 5.56mm X 45탄
- ■ 전장 : 1,040mm
- ■ 중량 : 7,010g
- ■ 장탄수 : 200발

안전장치는 방아쇠 위쪽에 크로스볼트식(총기를 가로지르는 버튼을 좌우로 눌러 안전/격발을 선택하는 안전장치) 안전장치가 있으며, 사격은 완전 자동만 가능하다.

대량의 탄을 연사할 수 있는 미니미지만 지나치게 많이 쏘게 되면 사격 시에 발생하는 열로 인해 총신이 변형될 우려가 있다. 때문에 간단한 조작으로 총신을 교환할 수 있게 되어 있는데, 이것은 미니미 외의 다른 기관총에서도 볼 수 있는 특징이다.

※ 소개 사진은 S&T의 'M249 SAW E2 BK 스포츠라인 전동건 BOX 매거진 사양'을 촬영한 것입니다.

Hand Gun/
권총

PHOTO : SHIN

　권총은 문자 그대로 한 손으로 들 수 있는 무게와 크기를 지닌 총기이다.
　돌격소총 등과 같이 흔히 '장총'이라 불리는 총과 비교해 위력이나 사거리, 장탄수는 떨어지지만, 크기가 작아 휴대하고 다루기가 수월하다는 점 때문에 경찰의 휴대화기로는 물론, 민간인의 호신용, 군 장병의 부1무장(주무장의 탄을 모두 소모하거나 고장이 발생했을 때 쓰는 무장) 등, 다방면에서 활약하고 있다.

　이번 항목에서는 권총 중에서도 특히 잘 알려진 모델을 골라 소개하고자 한다.

M1911

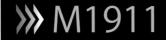

M1911, 통칭 콜트 거버먼트는 대구경인 .45ACP탄을 사용하는, 세계에서 가장 유명한 권총이다. 이 총을 개발한 것은 다수의 걸작을 낳은 바 있는 천재 총기 설계자 존 브라우닝으로, 그의 대표작이라고도 할 수 있다.

이름 그대로 1911년에 처음 만들어진 총으로, 무려 100년 이상의 역사를 지니고 있다. 하지만, 이미 권총의 완성형이라 불릴 정도로 우수한 구조를 하고 있기에 이후 개발된 권총 대다수가 M1911의 영향을 강하게 받았으며, 손잡이를 꽉 쥐지 않으면 격발이 불가한 그립 세이프티와 탄이 장전된 상태에서 임의로 안전/격발을 선택할 수 있는 섬(Thumb) 세이프티까지 2중 안전장치가 탑재되어 있어 총기 취급에 익숙하지 않은 사용자도 안전하게 다룰 수 있다.

개발 후, 2차례의 세계대전에서 활약했으며, 1985년까지 미군의 제식 권총으로 사용됐는데, 특히 미 해병대에서는 크게 개수한 모델을 M45(통칭 MEU 피스톨)라는 이름으로 2012년까지 사용했고, 그 이후에도 개량형인 M45A1 CQBP(사진)가 현재까지도 사용되고 있다. 또한 민간 시장에서도 호신용 및 경기용으로 대단히 인기가 높다.

1세기 이상 계속 사용돼온 실적이 보여주듯 자동 권총의 상징이라 할 수 있는 명총이다.

TEXT : 마스터 치프

※소개 사진은 도쿄 마루이의 'M45A1 CQB PISTOL'을 촬영한 것입니다.

- ■ 사용탄약 : .45ACP탄 ■ 전장 : 216mm
- ■ 중량 : 1,130g ■ 장탄수 : 7발

M1911 토이건 DATA
도쿄 마루이
M45A1 CQB PISTOL

- ■ 중량 : 823g
- ■ 장탄수 : 27발
- ■ 가격 : 20,680엔
- ■ 문의처 : 도쿄 마루이

미 해병대에서 사용 중인 M45A1을 재현한 이 가스건은 신개발 블로우백 엔진 등의 내부 기구가 채용됐으며, 각인은 물론 20mm 언더 레일, 슬라이드 앞뒤의 미끄럼 방지용 세레이션, 노벅과의 정식 계약을 통해 재현된 노벅 사이트, 특징적인 손잡이 등의 외관이 리얼하게 재현됐다.

≫ 글록 17

글록 17은 오스트리아의 글록에서 개발된 권총계의 혁명작이다.

원래 글록은 나이프 등의 군용품을 생산하던 회사로 총기 제조사가 아니었는데, 이 때문에 기존 개념에 얽매이지 않는 기구를 다수 채용할 수 있었다.

이 총의 가장 중요한 요소는 프레임 전체와 방아쇠뭉치, 그리고 탄창을 폴리머 재질로 만들었다는 점이다. 금속이 아니라고 하는 요소는 대단히 큰 의미를 지니는데, 비교적 저렴한 가격에 쉽게 생산할 수 있으면서 가볍고 저온에서도 손에 달라붙지 않는 등의 이점이 있었다.

외견은 공이치기가 없고, 전체적으로 각이 졌으며, 광택이 없는 무기질적인 디자인이 눈길을 끈다. 공이치기 대신에 내장된 격침(공이)를 스프링으로 움직여 격발하는 특유의 스트라이커 방식은 글록 이후 급속히 보급되어, 근래 개발된 대다수의 권총이 이 구조를 채용하게 됐다.

다양한 파생형들이 세계 각국의 군과 경찰에 채용됐으며, 미국에서는 제복 경찰들이 소지하는 총으로 큰 인기를 누렸다. 영화 등에서도 활약이 많았으며, 민간인의 호신용으로도 인기가 높다. 이후로도 권총의 대표격으로 친숙하게 인식될 것이다.

텍스트 : 마스터 치프

※소개 사진은 도쿄 마루이의 '글록 17 Gen.4'를 촬영한 것입니다.

- ■사용탄약 : 9mm X 19탄 ■전장 : 204mm
- ■중량 : 705g ■장탄수 : 17발

글록 17 토이건 DATA
도쿄 마루이
글록 17
Gen.4

- ■중량 : 709g
- ■장탄수 : 25발
- ■가격 : 18,480엔
- ■문의처 : 도쿄 마루이

종래의 글록 시리즈에서 일신된 글록 19 3세대 모델의 내부 구조를 원형으로 하여 대형화시킨 탄창 멈치 등, 실총의 특징이 충실하게 재현되었다. 글록 17용 실물 홀스터에 수납 가능한 것도 이 모델의 어필 포인트로, 도쿄 마루이다운 높은 완성도의 최신 모델이면서 최우수 모델 중 하나라고 할 수 있다.

≫ 베레타 92F

베레타 92F는 미군의 제식 권총인 'M9'이라는 이름으로도 잘 알려진 이탈리아 베레타사의 자동권총이다. 많은 군대에서 제식 채용된 권총으로, 미군에서는 차기 제식 권총을 정하는 XM9 권총 심사에서 차기 권총으로 선정되어 당시 군수 업계에 큰 반향을 일으키기도 했다.

가장 첫 번째로 눈길을 끄는 부분은 슬라이드의 디자인일 것인데, 슬라이드 윗면을 통째로 뚫은 것처럼 생긴 이 디자인은 92F 이전부터 채용된 베레타제 권총의 아이콘이라 할 수 있는 부분으로 예술적이기까지 하다. 하지만, 이 디자인으로 인해 초기형의 경우, 슬라이드 강도 부족으로 발포 시에 파손되는 사고가 발생(이후, 개량되어 강도 문제는 해결)하기도 했다.

이전의 제식 권총이던 M1911의 .45ACP 탄에 비해 소구경인 9mmX19 파라벨럼탄을 사용하여 반동이 적고 장탄수는 크게 늘었는데, 탄창멈치를 좌우 교체 가능했기에 어느 손으로도 다룰 수 있는 사양이라는 점도 높은 평가를 얻었다.

M1911을 대체하는 과정에서 반발도 많았지만, 그 성능으로 현대 미군의 권총으로 그 인지도를 넓힐 수 있었다. 이후, 30년 이상 제식 권총으로 활약한 뒤, SIG SAUER의 P320에 제식 권총의 자리를 내줬지만, 지금도 많은 애호가가 존재하는 명총이다.

TEXT : 마스터 치프

※ 소개 사진은 도쿄 마루이의 'US. M9 피스톨'을 촬영한 것입니다.

■ 사용탄약 : 9mm X 19탄 ■ 전장 : 217mm
■ 중량 : 945g ■ 장탄수 : 15발

베레타 92F 토이건 DATA

도쿄 마루이
U.S. M9 피스톨

도쿄 마루이의 이 제품은 그 이름 그대로 미군의 제식 권총이었던 M9을 모델로, 최신 자료에 기반하여 각 부위를 재현한 가스 블로우백 건이다.

윗면이 잘려나간 형상이 특징적인 슬라이드를 비롯한 외형은 물론, 디코킹 기능(사격하지 않은 채 공이치기를 안전하게 전진시키는 기능) 등, 기능 면에서도 실총을 완벽히 재현했다. 사격 성능도 나무랄 데가 없고, 현재도 높은 인기를 누리는 모델이다.

■ 중량 : 944g
■ 장탄수 : 26발
■ 가격 : 18,480엔
■ 문의처 : 도쿄 마루이

≫ P226

P226은 총기 제조사인 SIG SAUER에서 미군의 제식 권총을 선정하는 XM9 권총 심사를 위해 자사의 P220을 개량해 내놓은 모델이다.

더블 컬럼 매거진(복열 탄창, 탄창 내에 탄약이 2열로 장전되는 방식. 손잡이가 두꺼워지지만 그만큼 장탄수가 늘어난다)의 채용과 탄창 멈치 위치의 변경(P220은 손잡이 바닥에 있었으나, P226은 일반적인 권총처럼 손잡이 옆면에 위치) 등이 주요 개량점으로 현대 권총의 요건을 충족하면서 조작성의 향상을 이뤘다.

물에 담그거나 진흙을 묻혀도 문제없이 작동하는 등, 높은 내구성을 지녔으며 독일제다운 정밀도도 나무랄 데가 없었으나, 수동 안전장치가 없고, 가격이 비쌌던 점이 최종 선정에서 베레타 92F에 아쉽게 패하는 원인이 됐다.

그렇다고는 해도 높은 성능의 권총이라는 것은 분명했기에 미 해군 특수부대인 SEALs에서 Mk24라는 이름으로, 그리고 콤팩트 모델인 P228은 호신용으로 M11이라는 제식 명칭을 달고 채용되기도 했다. 또한 일본의 경우에도 경찰 특수부대인 SAT에서 채용한 것이 확인되고 있는 등, 세계적으로 평가받는 권총이라 하는 점은 틀림이 없을 것이다.

TEXT : 마스터 치프

※소개 사진은 도쿄 마루이의 '시그 자우어 P226 E2 스테인리스 모델'을 촬영한 것입니다.

- 사용탄약 : 9mm X 19탄 ■ 전장 : 196mm
- 중량 : 964g ■ 장탄수 : 15발

P226 토이건 DATA
도쿄 마루이 시그 자우어 P226 E2 스테인리스 모델

가스 블루우백 건인 시그 자우어 P226 E2를 원형으로, 광택을 죽인 스테인리스의 질감을 재현한 모델. 최신 도장기술을 통해 보다 중후한 분위기를 살려, 손에 쥐는 것만으로 이 이상 없을 만족감을 느낄 수 있다. 물론 실사 성능도 원형이 P226 E2인 만큼, 나무랄 곳이 없기에 안정적으로 사격할 수 있다. 다른 곳에서 찾기 어려운 고급스런 느낌의 우아한 모델건이라 하겠다.

- 중량 : 742g
- 장탄수 : 25발
- 가격 : 17,380엔
- 문의처 : 도쿄 마루이

Revolver/
리볼버

PHOTO : SHIN

 리볼버란 회전하는 약실을 갖춘 권총을 뜻하며, 회전식 권총이라고도 불린다.

 총기의 구조라는 면에서 봤을 때 비교적 오래된 설계이지만, 구조가 단순하면서 정비 및 관리가 용이하기에 경찰 조직 등 에서는 아직 현역으로 사용되고 있다. 또 한 구조가 단순한 만큼 튼튼하기에 위력 이 높은 탄약을 사용할 수 있다는 이점이 있다. 또한 탄이 불발되더라도 실린더를 회전시키면 바로 다음 탄을 사격할 수 있 어 신뢰성이 높다는 것도 장점이라 할 수 있다. 하지만 자동권총과 비교해 장탄수 가 부족하고, 재장전에도 시간이 걸리기 에 현대에 있어서는 주류의 자리에서 밀려 났지만, 열렬한 애호가들이 다수 존재하 는 등, 여전히 인기 장르이기도 하다.

 이번 항목에서는 현대의 리볼버를 대표 하는 2종을 소개하고자 한다.

>>> M29

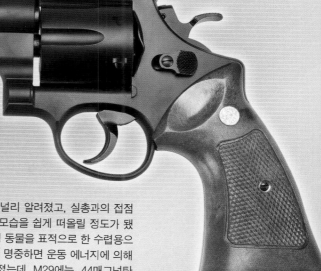

44 매그넘의 대명사인 매그넘 리볼버의 히트작

S&W의 M29는 .44 매그넘탄을 사용하는 대구경 매그넘 리볼버. 원래는 수렵용으로 발매된 지명도가 낮은 제품이었으나. 1971년에 개봉된 영화 '더티 해리'의 주인공 해리 캘러한 형사가 사용한 것에서 큰 반향을 얻어 업사들 이외의 사람들에게까지 그 이름이 널리 알려졌고, 실총과의 접점이 낮은 일본에서도 '매그넘' 하면 M29의 모습을 쉽게 떠올릴 정도가 됐다. M29에서 발사되는 .44매그넘탄은 대형 동물을 표적으로 한 수렵용으로 설계된 탄약으로, 발사된 탄환이 목표에 명중하면 운동 에너지에 의해 내부에 강력한 충격이 발생하도록 만들어졌는데, M29에는 .44매그넘탄의 강력한 반동에 견딜 수 있도록, N프레임이라고 하는 튼튼한 프레임이 채용됐으며, 작동이 매끄럽고 쓰기 편하다는 평을 받는 S&W 특유의 격발기구가 탑재되어 높은 명중률과 내구성을 아울러 갖추고 있다. 첫 발매로부터 70년 가까이 지났지만 M29는 여전히 S&W의 간판 상품으로 판매되고 있으며, 그 우수한 성능이 뒷받침된 인기를 엿볼 수 있다.

※소개 사진은 다나카의 '스미스&웨슨 M29 카운터 보어드 6-1/2인치 Ver.3'을 촬영한 것입니다.

■사용탄약 : .44 매그넘탄	■전장 : 305mm(6.5인치 모델)
■중량 : 1,352g(6.5인치 모델)	■장탄수 : 6발

M29 토이건 DATA
다나카 스미스&웨슨 M29 카운터 보어드 6-1/2인치 Ver.3

다나카에서 페가서스식 가스건으로 재현한 M29는 그야말로 영화속 해리 캘러한이 든 명총 그 자체를 재현한 모델이다. 프레임 각인은 실총 그대로 리얼하게 새겨져 있고, 실린더는 림(탄약의 바닥 부분)이 튀어나오지 않는 카운터 보어드를 재현했으며, 기온 변화에 강하고 명중률이 높아 파워풀한 사격을 즐길 수 있다. 이 리얼한 존재감 덕에 손에 쥐면 해리 캘러한의 명대사인 'Go Ahead, Make my day'를 읊고 싶어질 정도이다.

■중량 : 1,090g	■장탄수 : 14발
■가격 : 28,380엔	
■문의처 : 다나카	

≫ 콜트 파이슨

※소개 사진은 다나카의 '콜트 파이슨 .357 매그넘 4인치 "R-model" 스테인리스 피니시'를 촬영한 것입니다.

리볼버의 롤스로이스라 불리는 최고급 권총

- 사용탄약 : .357 매그넘탄
- 전장 : 235mm(4인치 모델)
- 중량 : 1,162g(4인치 모델)
- 장탄수 : 6발

파이슨은 콜트에서 1955년에 발매된 6연발 매그넘 리볼버 권총이다. 사용 탄약은 콜트에서는 처음인 .357 매그넘탄을 채용했으며, 콜트에서 생산되는 리볼버 시리즈의 플래그십 모델로 등장했다. 파이슨은 법 집행기관의 요청에 의해 개발된 리볼버로, 프로페셔널들을 위해 다양한 기능을 갖춘 고급 권총이기도 했다. 총열은 .357 매그넘탄의 발사에 견딜 수 있도록 고정밀 불 배럴(Bull barrel)을 사용했으며, 반동 경감을 위해 언더웨이트로 총열 끝까지 뻗은 형상의 러그가 붙었고, 총열 상부에는 특징적인 벤틸레이티드 립이 장착되어, 파이슨만의 독특한 스타일을 강조하고 있다. 파이슨은 높은 명중률로 상징되는 사격 성능으로도 높은 평가를 받지만, 콜트의 숙련된 기술자의 손을 거친 완성품의 아름다움으로도 화제가 됐다. 파이슨은 총 전체가 '콜트 로열 블루'라 불리는 건 블루 사양으로 빛이 닿으면 은은한 푸른빛이 올라오는데, 수집가들의 관상용으로도 인기를 끌었다. 또한 격발기구도 수작업으로 깎아 맞추는 조정이 더해져 있기에

작동구조 상의 특색이 강하긴 하지만 매우 매끄러운 작동이 가능해, 사격 시의 손맛을 한층 살려주고 있다. 파이슨은 1990년대까지 계속 생산됐으나, 숙련공들의 은퇴로 인해 품질의 유지에 어려움을 겪었고, 한때 생산이 중단되기도 했다. 하지만 2020년대에 들어서면서 스테인리스 강재를 사용한 모델이 발매됐고, 현재도 미국에서는 많은 애호가들의 사랑을 받는 리볼버로 그 지위를 유지하고 있다.

파이슨 토이건 DATA
다나카 콜트 파이슨 .357 매그넘 4인치 "R-model" 스테인리스 피니시

- 중량 : 840g
- 장탄수 : 12발
- 가격 : 29,480엔
- 문의처 : 다나카

높은 완성도를 자랑하는 다나카의 파이슨 중에서도 스테인리스판 파이슨을 재현한 모델로, 살짝 따뜻한 노란색이 감도는 니켈 피니시와 달리 스테인리스 피니시는 차가운 색조가 특징이다. 광택을 죽인 매트 피니시로, 스테인리스의 질감이 그대로 다가온다. 내부 강도를 높이면서, 내구성과 작동 정밀도가 향상되어, 탄도 또한 보다 안정됐다. 블루 피니시와는 다른 모던한 스타일도 인상적이다.

조준하는 법 —에이밍—

실총을 사격할 때 표적을 정하고 정확히 명중시키기 위해서는 이에 맞는 기술과 연습이 필요하다. 실총은 사격할 때 강한 반동이 발생하며, 사수 자신도 호흡하며 움직인다. 게다가 총탄은 일직선으로 날아가는 것이 아니며 지구 중력의 영향을 받아 포물선을 그리게 된다. 또한 횡풍의 영향을 받기에 좌우로 어느 정도 휘기까지 한다. 즉, 총기의 제어는 물론 탄도 특성의 파악, 그리고 조준 등의 요소가 정확한 사격의 열쇠라는 말이다. 이번 항목에서는 그중에서도 특히 FPS 등에서도 반드시 표현되는 조준의 방법에 대해 해설하고자 한다.

PHOTO : SHIN, ArmsMAGAZINE

총구의 방향을 알려주는 역할을 하는 가늠쇠. 하지만 이것만 표적 방향에 맞추고 사격해서는 명중률이 떨어진다.

가늠쇠 뒤에 위치하는 움푹 파인 형상의 가늠자. 가운데의 파인 공간에 가늠쇠를 맞춰 넣듯이 해서 겨냥을 하는데, 이렇게 조준을 맞추면 사수가 노린 장소에 총구가 정확히 향하게 된다.

가늠자와 가늠쇠를 통한 조준

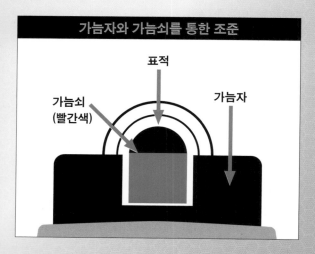

표적

가늠쇠
(빨간색)

가늠자

세상에 존재하는 거의 모든 총에는 총구 부근에 볼록 튀어나온 가늠쇠, 그리고 그 뒤에 움푹 파인 형상의 가늠자가 달려 있는데, 이 둘의 총칭을 조준기라 하며, 표적을 정확히 맞추기 위해 사용하게 된다. 가늠쇠와 가늠자는 직선상에 위치하며, 총을 겨눌 때 시야에 들어오도록 되어 있다. 표적으로 총을 향하면 가늠쇠가 대략적인 탄착점을 알려주며, 가늠자의 움푹 들어간 곳에 가늠쇠의 튀어나온 부분을 맞추듯 위치시키면 총구가 정확히 표적 방향을 향하는 것이 기본 원리다.

조준할 때 초점은 가늠쇠에 맞춘다

가늠자와 가늠쇠를 정확히 맞추는 것을 조준선 정렬이라고 한다. 총을 겨누고, 조준선 정렬을 유지한 채, 표적을 겨냥하면 정확한 조준(에이밍)이 되는데, 이때 눈의 초점이 표적에 맞지 않고 흐릿하게 보일 수 있는데, 기본적으로 가늠쇠에 초점이 맞도록 의식한다. 조준이 완료된 상태라면 가늠쇠 끝에 사수가 노리는 표적이 맞춰져 있기에 가늠자와 표적의 전체상이 흐릿하게 보이더라도 문제가 되지 않는다.

카메라 촬영의 특성 상, 사진에서는 가늠자가 약간 위를 향하고 있지만, 조준이 완료된 상태에서는 왼쪽 사진과 같이 가늠쇠만이 또렷하게 보이는 것이 이상적이다. 오른쪽 사진처럼 가늠자가 흐릿하게 보이는 상태에서는 정확한 사격을 할 수 없다.

신속한 조준을 위해 도트 사이트를 사용

도트 사이트의 일례
(EOTECH RMR)

도트사이트는 권총에 사용되는 소형부터 소총 등에 부착하는 대형까지 다양한 모델이 있으며, 높은 편의성으로 군은 물론 법 집행기관에서도 사용하고 있다.

도트 사이트는 총기의 조준을 보조해주는 광학기구로, 이것을 총기에 장착하면 가늠자와 가늠쇠를 이용한 것보다 신속하게 조준할 수 있게 된다. 도트 사이트는 반투명 특수 렌즈에 붉은 광점(도트)를 비춘 것으로, 사수는 이 도트에 표적을 맞춰 신속하게 조준할 수 있다. 가늠자와 가늠쇠를 이용한 조준에서는 눈의 초점이 맞지 않아 시야가 흐려지는 문제가 있지만, 도트 사이트를 사용하면 눈의 초점이 유지되어 전체 모습을 포착한 상태로 사격이 가능하다는 이점이 있다.

망원조준경을 사용한 저격

　스코프, 즉 망원조준경이란, 고배율의 단안경을 말하며, 주로 원거리의 표적에 사격할 때 사용된다. 제품에 따라서는 배율이 50배나 되는 것도 있으며, 설정 범위 내에서 배율을 자유롭게 변경할 수 있는 가변 배율(줌)식이 주류를 차지하고 있다. 조준경을 들여다보면 렌즈 위로 레티클이라고 하는 십자선이 모이며, 이 중심에 표적을 올려 조준이 이뤄지게 된다. 하지만, 레티클의 중앙에 표적을 올려놨다고 해도, 거리나 환경에 따라서는 탄이 맞지 않는 일이 생기기도 한다. 총탄은 엄연히 질량이 있는 물체이기에 중력이나 바람의 영향을 받게 되고, 이로 인해 탄도는 결코 곧게 뻗어나가지는 않으므로, 착탄점은 거리나 환경에 따라 달라진다. 때문에 통상적으로 사격 빈도가 높은 거리(이를테면 200m)에 레티클의 중심을 맞춰 착탄하도록 영점을 맞춰두고 거리에 맞춰 보정을 주게 된다. 여기에 더해 저격수의 경우에는 이러한 착탄 오차를 여러 거리나 풍향, 풍속에 맞춰 보정하는 능력이 필요한데, 예를 들어 사거리 600m에 강한 바람이 우측 방향으로 불고 있다고 한다면, 레티클의 세로 눈금과 가로 눈금을 얼마간 조절해 표적을 위치시키는 식으로 대응하게 된다. 참고로 최근에는 바람이나 중력의 영향을 적게 받는 .338 라푸아 매그넘과 같은 탄약이나 표적까지의 거리를 측정하여 자동적으로 탄도 계산을 수행, 표적을 레티클의 중앙에 위치시키는 것만으로 표적을 명중시킬 수 있도록 하는 FCS 탑재형 조준경까지 등장하여, 현실의 저격이 FPS 게임에 근접했다는 이야기까지 나온다.

 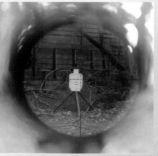

왼쪽 사진은 1배율 상태의 조준경을 들여다본 상태로, 시야가 넓고, 표적 주위의 상황도 파악할 수 있으나, 정밀한 사격은 어려워 보인다. 반대로 오른쪽 사진은 배율을 4배로 높인 상태로, 시야는 좁아졌지만, 표적의 세부를 알아볼 수 있게 됐다. 이런 상태라면 팔이나 다리 같은 부위만을 노려 쓸 수 있다.

NOVEL ARMS
SURE HIT 1824 IR HIDE7 SSTP

망원조준경은 정밀 사격이 필요한 상황에선 대단히 편리하지만, 근거리 전투에서는 배율이 높아 조준이 불편하다는 단점이 있다. 근래에는 도트 사이트처럼 사용할 수 있는 가변배율 조준경이 등장하여, 근거리 전투에서의 약점도 극복된 상태이다.

　레이저 광선을 조사하여 표적을 조준하는 '레이저사이트'라고 하는 조준보조기구도 있다. 총의 총열덮개 등의 부위에 장착, 레이저를 조사하는 것으로 조준이 이뤄지고 표적을 맞추게 되는 것인데, 근래의 레이저사이트는 암시장치를 통해서만 인식이 가능한 IR 레이저사이트가 주류로, 조준뿐만이 아니라 동료에게 적의 위치를 알려주려고 할 때에도 쓸 수 있는데, 특히 적에게 암시장치가 없을 경우에는 어두운 곳에서의 전투를 유리하게 이끄는 무기가 된다.

특수무기

현용편

PHOTO : 사사카와 히데오

Illustration : 사쿠라바・카큐

게임에서는 총기 이외에도 수류탄처럼 폭발하여 적을 쓰러뜨리는 '특수무기'가 비장의 카드처럼 사용된다. 이번 항목에서는 일러스트를 통해, 이러한 무기들 중에서 현용으로 분류되는 수류탄, 유탄발사기, 무반동포(로켓발사기), C4 폭약에 대해 간단히 해설하고자 한다.

미군에 제식 채용된 HK의 M320 유탄발사기(사진은 시제품인 XM320)의 사격 모습. M4나 HK416 등의 돌격소총에 장착할 수 있음은 물론, 단독으로도 사격 가능하다.

로켓발사기(무반동포) 중에서도 특히 유명한 러시아의 RPG-7. 사진은 TBG-7V 열압력탄의 모의탄을 장전한 모습이다.

≫ 수류탄

수류탄이란 투척용 소형 폭탄으로, 오랜 옛날부터 사용되고 있으며, 현대전에서도 중요한 무기 중 하나이다. 일반적인 파편수류탄의 내부에는 작약이 채워져 있으며, 안전레버를 쥐고 안전핀을 뽑은 다음에 투척하면 공중에서 안전 레버가 분리, 신관이 작동되면서 수 초 뒤에 폭발하는데, 이때 수류탄의 외피가 사방팔방으로 비산하도록 만들어져 있어, 주로 이 파편을 통해 적에게 피해를 주게 된다. 그래서 적이 밀집한 장소에 던져 일망타진을 하거나, 격렬한 총격을 받고 있을 때, 엄폐물 뒤에서 적 방향으로 던져 폭발시키는 것으로 견제를 실시하는 등, 범용성이 높다. 또한 수류탄을 고정시키고, 안전핀에 인계철선을 연결시켜 간이 부비트랩을 만드는 식으로도 사용할 수 있다. 세열(파편)수류탄 이외에는 폭발의 충격파로 목표를 살상하는 고폭수류탄(HE Grenade/concussion grenade), 폭음과 섬광으로 목표를 다치지 않게 하면서 무력화시키는 섬광탄(Flashbang/Stun grenade), 대량의 연기를 발생시켜 시계를 차단하거나 항공지원을 유도하는 등에 사용하는 연막탄(Smoke grenade) 등이 있다.

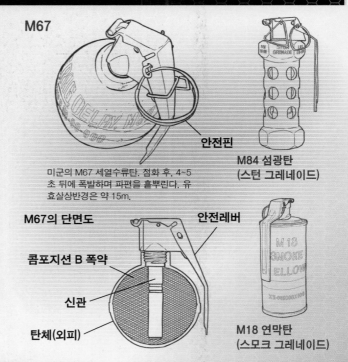

M67

미군의 M67 세열수류탄. 점화 후, 4~5초 뒤에 폭발하며 파편을 흩뿌린다. 유효살상반경은 약 15m.

안전핀

M84 섬광탄
(스턴 그레네이드)

M67의 단면도

안전레버

콤포지션 B 폭약

신관

탄체(외피)

M18 연막탄
(스모크 그레네이드)

≫ 유탄발사기

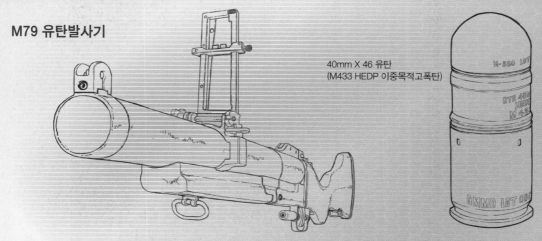

M79 유탄발사기

40mm X 46 유탄
(M433 HEDP 이중목적고폭탄)

유탄발사기는 수류탄을 보다 멀리 투척하는 것을 목적으로 만들어졌다. 제1차 세계대전 이후에는 소총의 총구 부분에 장착하고 공포탄으로 발사하는 총류탄이 일반적이었는데, 현대에 들어와서도 일부에서 계속 사용되고 있다. 대표적으로 일본의 89식 소총으로 발사하는 06식 총류탄이 있는데, 전용 발사기를 따로 필요로 하지 않고 일반 탄약으로 그대로 발사할 수 있다는 이점이 있다. 또한 박격포를 소형화시킨 듯한 척탄통(구 일본군이 사용) 같은 것이 사용되기도 했다. 하지만 현재 주류를 차지하고 있는 것은 40mm 유탄발사기인데, 베트남 전쟁에서 미군이 사용한 M79 유탄발사기가 그 뿌리에 해당한다. 단발중절식(발사할 때마다 수동으로 탄피 배출과 재장전을 실시)으로, 어깨에 견착하고

40mmX46 유탄을 발사할 수 있다는 것이 특징인데, 100m 이상 떨어진 적 진지에 정확히 유탄을 발사하여 제압이 가능하며, 유탄 자체도 크기가 작아 다루기 쉽다는 점에서 보병들의 믿음직한 무기 중 하나가 됐다. 이외에도 M203이나 M320과 같이 돌격소총에 부착할 수 있는 모델이나, 리볼버식으로 연사 가능한 MGL, 완전자동사격이 가능한 Mk19 등도 등장했으며, 40mmX46 유탄 이외에도 다양한 규격의 유탄과 발사기가 존재한다. 또한 근래에는 컴퓨터가 내장된 조준기를 통해 거리와 탄도 계산을 실시, 목표 상공에서 정확히 폭발시키는 유탄도 개발되고 있다.

» 무반동포(로켓발사기)

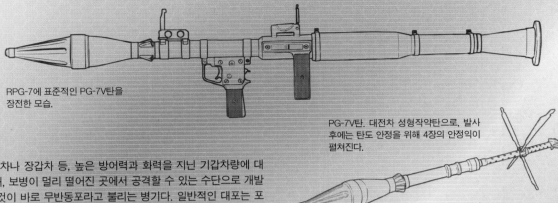

RPG-7에 표준적인 PG-7V탄을 장전한 모습.

PG-7V탄. 대전차 성형작약탄으로, 발사 후에는 탄도 안정을 위해 4장의 안정익이 펼쳐진다.

전차나 장갑차 등, 높은 방어력과 화력을 지닌 기갑차량에 대항해, 보병이 멀리 떨어진 곳에서 공격할 수 있는 수단으로 개발된 것이 바로 무반동포라고 불리는 병기다. 일반적인 대포는 포탄을 발사할 때 강렬한 반동이 발생하지만, 무반동포의 경우에는 포탄을 전방으로 발사하는 장약에 더해, 같은 정도의 운동량을 지닌 폭풍 또는 카운터매스(countermass)를 후방으로 분사하여 강렬한 반동을 상쇄시키기에, 무거운 포가를 필요로 하지 않는, 다시 말해 보병 한 명이 쓸 수 있는 크기로도 만들 수 있다는 이점이 있다. 그리고 무반동포의 포탄은 가속용 로켓 부스터를 단 것도 있기에 로켓발사기라는 용어가 혼용되기도 하지만, 순수한 로켓발사기(로켓탄의 추진력만으로 발사)와 무반동포는 엄밀하게 따지면 다르다. 기갑차량 등에 사용되는 포탄은 이른바 성형

작약탄이라 불리는 것이 많은데, 이것은 착탄하게 되면 원추형으로 폭발력을 집중시켜 장갑판에 구멍을 뚫고 피해를 주게 된다 (이를 먼로 효과라 한다). 러시아의 RPG-7을 비롯하여, 스웨덴의 칼 구스타프, 미국의 AT4, 독일의 판처파우스트3 등이 특히 유명하다. 현대의 주력전차급 상대로는 정면에서는 방어력이 극히 높기에 격파가 어렵지만, 측면이나 후면, 상면을 명중시킬 수 있다면 충분히 피해를 줄 수 있다.

» C4 플라스틱 폭약

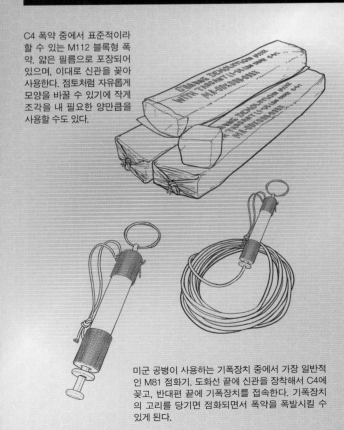

C4 폭약 중에서 표준적이라 할 수 있는 M112 블록형 폭약. 얇은 필름으로 포장되어 있으며, 이대로 신관을 꽂아 사용한다. 점토처럼 자유롭게 모양을 바꿀 수 있기에 작게 조각을 내 필요한 양만큼 사용할 수도 있다.

미군 공병이 사용하는 기폭장치 중에서 가장 일반적인 M81 점화기. 도화선 끝에 신관을 장착해서 C4에 꽂고, 반대편 끝에 기폭장치를 접속한다. 기폭장치의 고리를 당기면 점화되면서 폭약을 폭발시킬 수 있게 된다.

미국에서 개발된 고성능 플라스틱 폭약인 C4는 현재 세계 여러 나라의 군대에서 사용되고 있는데, 이것은 RDX(트라이메틸렌트라이나이트라민)라 불리는 폭약과 점토상태의 고형 화학물질(가소제)를 섞은 것(콤포지션 C라 부른다)으로, 자유롭게 모양을 바꿔줄 수 있으면서 우수한 폭발력과 안전성을 아울러 갖추고 있다. 종래의 화약을 사용한 폭발물은 습기나 불에 약하며, 젖게 되면 불발을 일으키고, 불에 가까이 두면 오폭할 위험성이 있었지만, C4폭약은 화약을 사용하지 않기에 불 속에서도 기폭이 가능하며, 불 속에 던져 넣더라도 타오를 뿐 폭발하는 일이 없다. 충격에도 강하고, 신관을 꽂아 기폭시키지 않는 한, 폭발할 가능성이 극히 낮다. 때문에 아무리 격렬한 전투가 벌어지는 중에도 안심하고 휴대 및 사용할 수 있기에 전 세계의 병사들로부터 두터운 신뢰를 얻고 있다. 또한 점토처럼 형태나 분량을 자유로이 바꿀 수 있기에 원래의 10kg 블록에서 상황에 따라 적당히 덩어리를 떼어 사용할 수도 있다.

사용 방법은 대단히 다양한데, 3~4kg 정도의 C4폭약을 건물의 기둥에 복수 설치하여 시설을 통째로 무너뜨리거나, 잠긴 문에 300g 정도의 양을 봉 모양으로 부착한 뒤에 기폭시켜 자물쇠나 경첩을 날려버리는 식으로 문을 여는 등으로도 쓸 수 있다.

안전성과 파괴력, 범용성 모든 면에서 대단히 높은 평가를 받는 C4는 현대에 들어와서도 가장 우수한 개인 휴대용 폭약이라 할 수 있다.

WORLD WAR 2

제2차 세계대전편

현대에 활약하는 총기에 비견될 정도의 인기를 끌고 있는 것이 바로 제2차 세계대전에서 활약한 총기들이다. 지금 관점에서 보자면 기술적으로 미성숙한 부분이 눈에 띄지만 독특한 구조이거나 현대 총기로 이어지는 기술이 쓰이는 등, 이 당시에 개발된 총기만이 지니는 독특한 매력이 있는 것 또한 사실이다.

이번 항목에서는 제2차 세계대전에서 활약한 총기들 중에서도 특히 인기가 높은 것들을 엄선하여 소개하고자 한다.

PHOTO : SHIN

≫ M1 개런드

연사력에 한계가 있는 볼트액션 소총을 대신하는 반자동소총(방아쇠를 당기면 격발과 배출, 장전이 이뤄지는 총기)으로 미군에 제식 채용된 것이 바로 M1 개런드이다. 반자동 연사를 통한 높은 화력은 물론 지금 와서는 당연하게 여겨지는 부품의 규격 통일을 처음으로 도입한 것 또한 획기적인 것이었는데, 이를 통해 정비가 용이해졌고, 이러한 실적은 현대의 총기 개발에 있어 커다란 영향을 줬다.

하지만, 이러한 신기술의 도입은 당연히 단가 상승에도 영향을 줬고, 반자동 연사가 가능하다는 것은 탄약 소비도 격심하다는 뜻으로, 이 모든 것이 대량의 예산과 자원의 소비로 이어지는 것이었기에 결과적으로, M1 개런드는 효과적으로 운용하기 위해서는 윤택한 자금과 생산력을 필요로 하는 '돈 먹는 하마'이기도 했다. 제2차 세계대전을 상징하는 걸작 소총인 M1 개런드도 그 생산 및 운용국이 초대국인

미국이 아니었다면 걸작으로서 성립할 수 없었을 것이라는 이야기다.

또한 탄을 전부 소모하면 탄을 장전할 때 사용하는 금속제 클립이 배출되며 날카로운 금속음을 울리는 것도 특징으로 거론되는데, 당시의 병사들은 소리가 너무 요란하다며 불만이었다고 하지만, 현대의 미디어에서는 M1을 상징하는 아이콘으로 친숙하게 전해지고 있다.

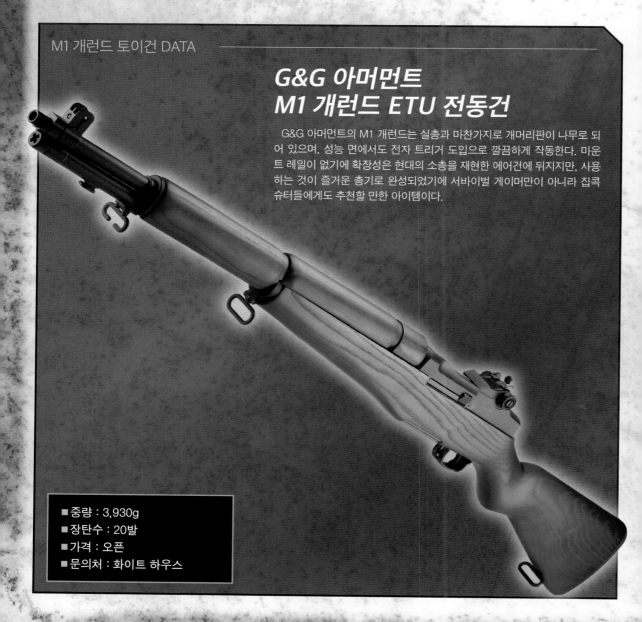

M1 개런드 토이건 DATA

G&G 아머먼트
M1 개런드 ETU 전동건

G&G 아머먼트의 M1 개런드는 실총과 마찬가지로 개머리판이 나무로 되어 있으며, 성능 면에서도 전자 트리거 도입으로 깔끔하게 작동한다. 마운트 레일이 없기에 확장성은 현대의 소총을 재현한 에어건에 뒤지지만, 사용하는 것이 즐거운 총기로 완성되었기에 서바이벌 게이머만이 아니라 집콕 슈터들에게도 추천할 만한 아이템이다.

- ■중량 : 3,930g
- ■장탄수 : 20발
- ■가격 : 오픈
- ■문의처 : 화이트 하우스

대국 미국의 승리를 뒷받침한 명총

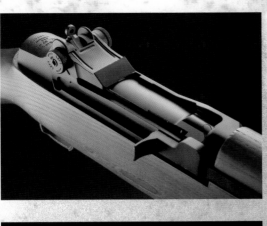

회전 노리쇠라고 하는 볼트액션의 동작을 자동화시킨 것 같은 방식의 폐쇄 기구를 갖췄다. 이에 따라 반자동 소총으로서는 대단히 높은 명중률을 실현할 수 있었다.

제2차 세계대전 당시에는 간이적인 조준기구만 달린 총도 많았으나, M1 개런드는 세부 조정이 가능한 가늠자가 탑재되어 있었다.

언뜻 보기에는 볼트액션 소총처럼 보이지만, 내부에는 당시로서는 신기술이 도입된 획기적 작동 기구가 들어 있었다.

개머리판에는 어깨끈을 끼울 수 있는 고리가 표준으로 장비되어 있었다.

- 사용탄약 : .30-06 스프링필드탄/7.62mm X 51탄
- 전장 : 1,108mm
- 중량 : 4,300g
- 장탄수 : 8발

※소개 사진은 G&G 아머먼트의 'M1 개런드 ETU 전동건'을 촬영한 것입니다.

103

≫ M1 카빈

M1 카빈은 미국이 제2차 세계대전에 참전하기 직전인 1941년에 개발한 자동소총으로, '카빈'이라는 단어가 말해주듯 후에 나온 M4카빈과 마찬가지로 길이를 짧게 줄인 소형의 소총으로 개발됐다.

당시에는 보급이나 경비 병력 등과 같이 전선에 나오지 않는 부대가 전투에 휘말릴 위험이 높아지고 있어, 이들의 호신용 총기가 필요하게 됐는데, 이러한 경우, M1개런드와 같은 소총은 다루기 거추장스러웠고, 권총은 위력과 사거리 모두 부족하다는 문제가 있었다. 때문에 양자의 사이를 메워줄 수 있는 총기로 M1 카빈이 개발됐다.

작동 방식은 당시로서는 획기적인 쇼트 스트로크 피스톤이 채용됐으며, 탄약은 15발 또는 30발들이 상자형 탄창으로 장전되는 등, 현대의 돌격소총에서 볼 수 있는 특징을 다수 갖추고 있었다. 또한 요구 조건을 충족시키기 위해 전용으로 만들어진 .30 카빈탄을 사용했는데, 이것은 소총탄과 권총탄의 특징을 아울러 지닌 탄약으로, 사거리는 짧지만, 반동이 낮고 명중률이 높았다.

실제로 부대에 지급됐을 때는 명중률과 취급 편의성 때문에 전선에서도 호평이었고, 순식간에 M1 개런드와 함께 운용되기에 이르렀다. 종전 후에는 많은 양의 M1 카빈이 재정비를 받은 뒤, 동맹국에 대량으로 양도되어, M1 개런드보다 훨씬 널리 사용됐다. 크기도 아담하고, 위력도 나쁘지 않았던 M1 카빈은 서구인들보다 체격이 작은 아시아인들에게 잘 맞았는데, 일본에서도 자위대의 전신이라 할 수 있는 경찰예비대가 창설될 당시 미국으로부터 M1 카빈을 대여받아 제식 소총으로 사용했다고 한다.

한국전쟁 이후에는 위력 부족 문제로 일선에서 물러나게 됐지만, 현대 돌격소총의 기초를 닦은 명총이라 할 수 있을 것이다.

현대 돌격소총과도 통하는 면이 있는 상자형 탄창. 15발이나 되는 장탄수의 우위성은 당시로서는 압도적인 것이었다.

- ■ 사용탄약 : .30 카빈탄
- ■ 전장 : 905mm
- ■ 중량 : 2,490g
- ■ 장탄수 : 15발

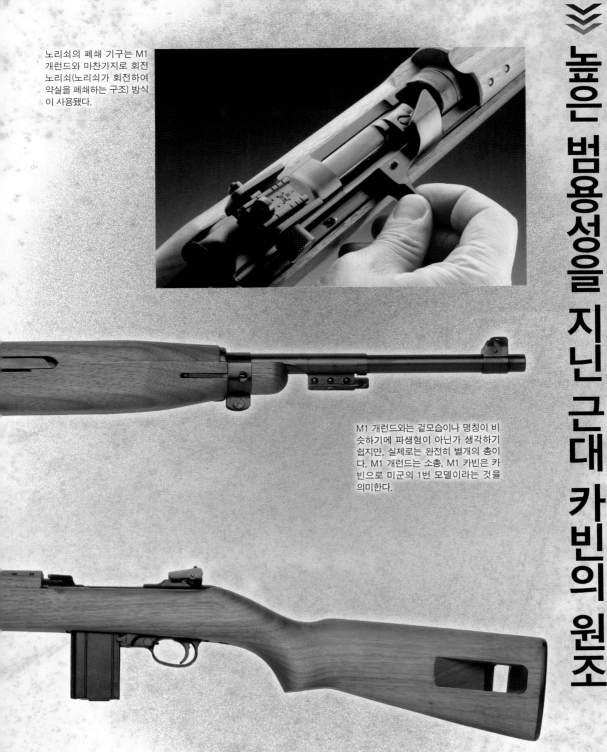

노리쇠의 폐쇄 기구는 M1 개런드와 마찬가지로 회전 노리쇠(노리쇠가 회전하여 약실을 폐쇄하는 구조) 방식이 사용됐다.

높은 범용성을 지닌 근대 카빈의 원조

M1 개런드와는 겉모습이나 명칭이 비슷하기에 파생형이 아닌가 생각하기 쉽지만, 실제로는 완전히 별개의 총이다. M1 개런드는 소총, M1 카빈은 카빈으로 미군의 1번 모델이라는 것을 의미한다.

※소개 사진 중 일부는 다나카의 'U.S. M1 카빈 Ver.2 모델건'을 촬영한 것입니다.
상품 문의처 : 다나카

≫ Kar98k

제2차 세계대전 전에 독일에서 개발된 볼트액션 소총이 바로 Kar98이다.

여기서 '98'은 원형이 된 Gewehr98 소총이 1898년에 채용됐다는 것을 의미하며, 'Kar'은 기병총을 말하는 'Karabina', 'k'는 'kurz'로 독일어로 '짧다'라는 뜻이다. 하지만 짧다라고 해도 전체 길이는 1m가 넘으며, 현대의 시각에서 보자면 저격소총에 가까운 인상으로, 실제로도 생산된 총들 중에서 정밀도가 좋은 것(당시는 총기의 생산이 규격화되지 않았기에 같은 총이라도 개체에 따라 성능차가 있었다)을 골라 조준경을 부착하고 저격소총으로 운용하기도 했다. Kar98은 구조적으로는 딱히 새로울 것이 없었던 만큼 대단히 견고하고, 단순했기에 높은 신뢰성을 자랑했다. 제1차 세계대전 종군 경험이 있던 히틀러는 MP40 등과 같이 복잡한 기구를 갖춘 자동화기보다는 질실강건한 이 총을 더 마음에 들어했다고 전해진다.

Kar98k 토이건 DATA

다나카
Kar98k AIR

다나카에서는 Kar98k를 에어코킹건으로 제품화했다. 실총의 금속 부분은 아연 다이캐스트이며, 개머리판과 총몸 부분은 나무로 만들어졌는데, 그 색감도 실물로 착각할 정도로 멋지게 마무리되어 있어, 모델건처럼 벽에 장식하는 것만으로도 만족감이 매우 높다. 별매품으로 전용 조준경도 있으므로, 저격소총으로 운용할 수도 있다. 코킹도 놀랄 만큼 부드럽게 이뤄지므로, 서바이벌 게임에서도 활약할 수 있을 정도의 높은 실용성도 갖추고 있다.

- 중량 : 3,500g
- 장탄수 : 24발
- 가격 : 69,300엔
- 문의처 : 다나카

중기형 이후의 가늠쇠에는 파손 방지용 후드가 씌워져 있다.

독일 제2제국의 피를 이은 볼트액션 소총

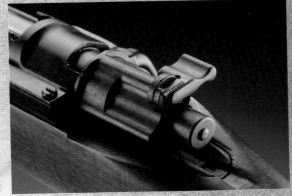

총몸 부분에는 나치 독일의 각인이 새겨져 있다. 전후에 회수된 총기 대부분은 각인이 지워졌기에 현재 각인이 남아 있는 것은 극히 적다.

현대의 볼트액션 소총과도 닮은 실루엣. 실제로 저격 소총으로도 활약했지만, 원래는 보병총으로 개발된 소총이다.

노리쇠 위쪽에 설치된 안전장치. 오른쪽으로 눕히면 안전이다.

- ■사용탄약 : 7.92mm X 57 마우저탄
- ■전장 : 1,100mm
- ■중량 : 3,900g
- ■장탄수 : 5발

※소개 사진은 다나카의 'Kar98k AIR'를 촬영한 것입니다.

≫ PPSh-41

PPSh-41은 제2차 세계대전 중에 소련에서 운용한 기관단총으로, 제식명(ППШ)을 키릴 문자로 읽은 '페페샤'라는 이름으로도 잘 알려져 있다.

당시의 소련에서는 기관단총이 그리 중시되지 않았다. 하지만 1939년에 소련이 핀란드를 침공했을 때, 스키를 신고 기관단총을 장비한 핀란드군의 일격이탈전법에 크게 고전한 뒤, 소련군은 기관단총의 우위성을 인정하고, 급히 신형 기관단총 개발에 들어가, 마침내 완성된 것이 바로

PPSh-41이었다.

전신이라 할 수 있는 PPD-38의 드럼 탄창을 사용할 수 있도록 설계되어, 71발이라는 상당히 많은 장탄수를 자랑했으며, 절삭 가공이 필요 없이, 오직 프레스 가공만으로 제조가 가능해, 정확한 가공을 요하는 곳은 총열과 노리쇠뿐이라는 대량 생산에 적합한 설계 덕분에 종전까지 500만 정 이상 생산됐다고 알려져 있다.

성능 면에서는 노리쇠를 가볍게 해서 연사 속도를 올렸으며, 독특한 외관과 날

카롭고 요란한 소리 때문에 독일군으로부터는 '발랄라이카', 일본군의 경우에는 '만돌린'(양자 모두 목제 현악기)라는 별명으로 불렸다. 또한 가혹한 환경인 소련에서 만들어진 만큼 내구성도 정평이 나있어, 독일군은 노획한 PPSh-41을 모조리 사용하고 싶어 했다고 전해진다.

PPSh-41 토이건 DATA

S&T
PPSh-41 풀메탈&리얼 우드스톡
전동 블로우백

S&T의 PPSh-41은 리시버와 총열이 금속제이며, 개머리판 부분은 진짜로 나무를 사용해서 대단히 리얼하게 완성된 제품으로, 여기에 더해 드럼 탄창의 장탄수는 압도적이라 할 수 있는 2,000발에 달한다. 또한 개머리판 뒤에 있는 배터리 수납부는 넉넉한 공간으로 다양한 종류의 배터리를 넣을 수 있게 만들어져 있어, 리얼리티만이 아니라 실사 성능까지 두루 갖춘 얕볼 수 없는 총이다.

- ■ 중량 : 3,800g
- ■ 장탄수 : 2,000발
- ■ 가격 : 52,800엔
- ■ 문의처 : UFC

■사용탄약 : 7.62mm X 25
■전장 : 840mm
■중량 : 3,500g
■장탄수 : 71발

※소개 사진은 S&T의 'PPSh-41 풀메탈&리얼 우드스톡 전동 블로우백'을 촬영한 것입니다.

독일군을 물리친 「발랄라이카」

방아쇠울 안쪽에 설치된 조정간. 방아쇠를 당기는 손가락으로 조작할 수 있어 합리적이다.

볼트액션 소총처럼 생긴 개머리판이 인상적이다. 한랭지에서는 금속이 살갗에 달라붙기 때문에 목제 개머리판이 많이 쓰였다.

총열덮개 끝부분에 경사를 주어, 총구가 튀어오르는 것을 억제하는 총구 제퇴기로도 가능하도록 만드는 등, 간략화만이 아니라 신기술도 도입된 모습을 볼 수 있다.

≫ StG44(MP44)

제2차 세계대전 중에 독일에서 개발된 StG44는 화력과 편의성을 고루 갖춘 우수한 자동소총으로 활약한 것으로 잘 알려져 있는데, StG란 'Sturmgewehr(돌격총)'라는 독일어의 준말이며, 44는 1944년에 채용됐음을 나타낸다.

사용탄은 새로 개발된 7.92mmX33k(kurz) 탄이었는데, 이것은 Kar98k 등에 사용된 7.92mmX57 마우저탄에서 장약의 양을 줄이고, 전장을 짧게 해서 반동을 줄인 신형 탄약으로, 덕분에 완전자동사격을 실시하더라도 반동 제어가 용이한 데 더해,

기관단총보다 높은 위력을 실현할 수 있었다. 이러한 특징은 현대의 돌격소총에도 이어져, 모든 돌격소총의 원조라 불리는 총기가 될 수 있었다.

여담으로, 히틀러는 제1차 세계대전 종군경험으로 인해 '단순하면서 견고하고 위력이 강한 총이야말로 우수하다'라는 생각을 갖고 있었고, 복잡한 연사기구가 달린 총에는 회의적이었다. 때문에 군 상층부에서는 이 총을 이미 배치되어 있던 MP40의 개량형인 MP44라는 이름으로 위장하여 승인을 얻는다고 하는 웃지 못

할 방법을 쓸 수밖에 없었다. 하지만 이런 뒷사정과는 별개로, 당시의 독일군 장병들 사이에서는 높은 평가를 받아, 적대하는 연합군 병사들의 두려움의 대상이 된 명총이었다.

StG44 토이건 DATA

AGM
MP44 전동건 리얼우드

AGM의 MP44는 실총과 마찬가지로 목제 개머리판을 장착했으며, 금속 부분도 실물을 거의 그대로 재현했다. 또한 성능 면에서도 최신 모델인 에어건과 비견할 수 있을 정도로, 구 독일군 장비 애호가인 서바이벌 게이머들에게 특히 인기를 끌고 있다. 이런 이유로 매장에 상품 재고가 없는 일도 드물지 않기에 혹시 이 상품을 원하는 분이라면 각 매장의 재판 정보를 수시로 확인하자.

- ■중량 : 3,910g
- ■장탄수 : 490발
- ■가격 : 44,000엔
- ■문의처 : UFC

모든 돌격소총의 원점

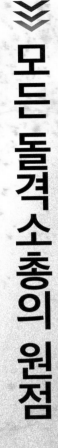

■ 사용탄약 : 7.92mm X 33k탄
■ 전장 : 940mm
■ 중량 : 5,220g
■ 장탄수 : 30발

제2차 세계대전 중에 개발된 총이지만, 전체적인 모습은 현대 돌격소총과도 통하는 부분이 있다.

총몸 주변의 디자인은 조금 조잡하지만, 조정간 등의 배치는 현대의 돌격소총에 가깝다.

탄창멈치는 대형 버튼식. 원형 버튼의 디자인이 독특한 분위기를 자아내고 있다.

※소개 사진은 쇼에이의 'StG44'를 촬영한 것입니다.
상품 문의처 : 쇼에이

≫ MP40

MP40은 독일군에서 제식 채용했던 기관단총이다. 흔히 '슈마이저'라는 애칭으로 잘 알려져 있는데, 이것은 당시의 영국군 정보부가 독일의 총기 설계자 휴고 슈마이저가 만들었다고 착각한 탓으로, 실제로는 슈마이저의 손을 거치지 않았다.

개머리판을 접어서 수납할 수 있도록 만들어진 기관단총으로, 탄창에는 권총탄 32발이 장전되며, 완전자동사격으로 단번에 탄을 뿌릴 수 있었다. 기관단총이라고는 하지만 개머리판을 펼쳤을 때의 크기는 현대의 돌격소총과 거의 비슷한 크기로, 결코 콤팩트하다고는 할 수 없었지만, 당시의 전장에서는 자동 사격이 가능한 휴대화기 그 자체가 큰 이점으로, 소총탄보다도 저렴한 권총탄을 사용하기에 경제적인 면에서도 우수했다. 이러한 편리성으로, 보병은 물론 오토바이에 탑승하는 정찰병이나, 전차 승무원의 호신 무장 등, 여러 부대에서 종전 시까지 사용됐다.

MP40 토이건 DATA

AGM
MP-40

AGM에서 발매된 MP-40은 실물과 마찬가지로 철판 프레스 가공으로 제작되어, 특유의 접이식 개머리판도 완전 재현된, 마니아도 만족할 만한 완성도를 자랑하며, 성능 면에서도 반자동과 자동사격을 선택할 수 있어(실총은 완전자동만 가능), 서바이벌 게임용으로도 높은 실용성을 갖췄다. 개머리판을 접으면 취급 편의성도 높아지기에, 독일군을 방불케 하는 '전격전'에 들고 나가고 싶어지는 총이라 하겠다.

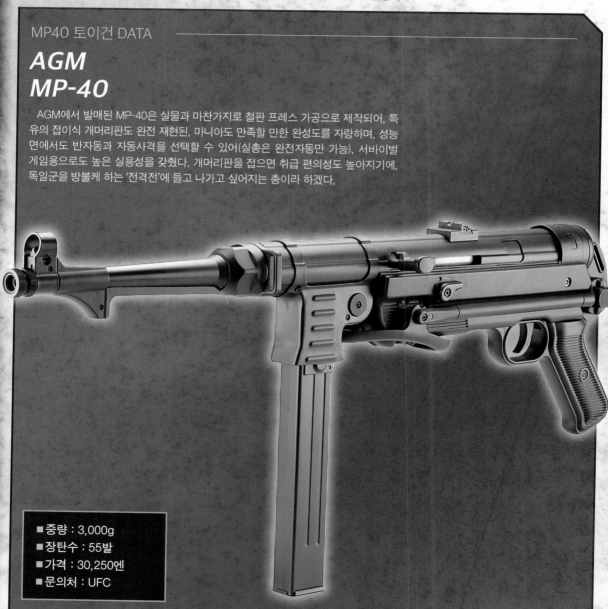

- ■ 중량 : 3,000g
- ■ 장탄수 : 55발
- ■ 가격 : 30,250엔
- ■ 문의처 : UFC

독일군의 공세를 뒷받침한 기관단총

권총손잡이에서 탄창까지의 거리가 먼 스타일은 지금 시각에서 보면 독특하게 보이지만, 당시의 기관단총은 이런 디자인이 그리 드물지 않았다.

탄창 삽입구 근처에는 조정간이 설치되어 있는데, 실총에서는 자동사격만이 가능했다.

사용탄약 : 9mm X 19탄
전장 : 833mm(개머리판을 펼쳤을 때)/630mm
중량 : 3,970g
장탄수 : 32발

개머리판은 권총손잡이 아래로 꺾여 들어가듯 접힌다.

PHOTO : STEINER

※소개 사진은 AGM의 'MP-40'을 촬영한 것입니다.

≫ 톰슨 M1A1

톰슨은 미군의 장교이기도 했던 존 톰슨이 설계한 기관단총으로, 제1차 세계대전의 참호전 경험을 기반으로 참호에 돌입했을 때 다루기 편한 크기와 중량의 자동화기로 개발됐다. 하지만 (군으로의) 매출은 그리 좋지 못했고, 갱이나 마피아와 같은 범법자들에게 팔려나갔던 탓에 '무법자의 총'이라는 이미지가 강해지고 말았다. 실제로 당시(1930년대)에는 혼자 운반이 가능하면서, 대량의 총탄을 휴대할 수 있는 고화력 화기로서 대단히 귀중한 존재였기에 갱들에게 인기가 많았다. 마침내 군에서의 대량 발주가 시작된 것은 제2차 세계대전이 시작되고부터이다.

존 톰슨이 세운 오토 오드넌스는 창업 당시부터 사옥이나 작업장 없이, 오직 설계만을 실시하는 회사였다. 때문에, 제품 생산은 외주에 의존할 수밖에 없어, 간결한 디자인으로 만들어졌다. 톰슨은 현재 기준으로는 기관단총으로 분류되지만, 원래는 개인이 휴대할 수 있는 기관총으로 개발된 총기였기에 그냥 기관단총으로 분류하기에는 조금 과하다고 할 정도로 공을 들여 만들어졌다. 생산을 외주에 맡겼기 때문에, 주문에 맞춰 복수의 외주 공장에 발주하면 불필요한 경비가 들지 않는다는 이점도 있었던 반면, 재료의 품질에 편차가 많다는 단점이 있었는데, 그럼에

도 불구하고 튼튼한 구조에 힘입어 신뢰성은 높았고, 사격으로 발생하는 충격으로 파손되는 일도 거의 드물었다.

제2차 세계대전을 주제로 한 미디어 작품에서는 미군이 들고 있는 모습을 많이 볼 수 있으며, 독특한 외관으로 많은 팬이 있는, 시대에 따라 다양한 얼굴을 지닌 정말 드문 총기라 할 수 있겠다.

톰슨 토이건 DATA

전동건 스탠더드 타입
톰슨 M1A1

제2차 세계대전에서 미군이 사용한 톰슨 M1A1은 나무로 만든 손잡이와 총열덮개, 개머리판이 클래식한 분위기를 자아내는 총으로, 이러한 디자인은 현대적인 기관단총과 크게 구분되는 점으로, 존재감 넘치는 실루엣이 인상적이다. 구성 자체도 독특하지만, 이러한 모습도 톰슨 M1A1에서는 '운치가 있다'라는 표현이 적절할지도 모르겠다. 이 제품은 걸작 전쟁 영화에도 등장한 바 있는 모델을 재현한 중후한 맛의 총기라 할 수 있다.

- ■중량 : 3,410g
- ■장탄수 : 60발
- ■가격 : 39,380엔
- ■문의처 : 도쿄 마루이

■사용탄약 : .45ACP탄
■전장 : 855mm
■중량 : 4,800g
■장탄수 : 30발/50발(드럼 탄창의 경우)

※소개 사진은 도쿄 마루이의 '전동건 스탠더드 타입 톰슨 M1A1'을 촬영한 것입니다.

드럼 탄창과 전방손잡이를 장착하고 총을 옆구리에 낀 지향 사격 자세로 연사하는 것이 갱들이 애용했던 '시카고 타이프라이터'의 이미지일 것이다. (사진은 M1928)

톰슨 기관단총의 특징 가운데 하나로, 여러 별명이 존재한다는 것을 들 수 있는데, 갱들이 사용했을 때는 '시카고 타이프라이터', 미군에서 사용했을 때는 '토미건'이라 불렸다.

군에서 채용한 M1A1 타입의 경우, 드럼 탄창 대신에 곧고 긴 상자형 탄창이 사용됐다.

총몸의 조작계는 좀 복잡하게 보이지만, 오른손잡이라면 한손으로 전부 조작할 수 있도록 설계되어 있다.

군대는 물론 악당들도 애용한 기관단총

》》 스텐 Mk-2

제2차 세계대전 초기, 덩케르크 철수 과정에서 많은 장비를 상실한 영국군이 '뭐가 됐건 대량 생산이 가능한 자동화기'로 개발한 '급조화기'가 바로 스텐 시리즈다. 그중에서도 특히 스텐 Mk-2는 초기형에서 더욱 간략화가 이뤄진 모델로, 파이프 등을 그대로 유용하여 제작됐기에 겉모습은 쇠파이프에 직사각형 탄창이 튀어나온 듯한 독특한 스타일을 하고 있다. 생긴 모습 그대로 사용감은 대단히 좋지 못했지만, 철저한 비용 절감 덕분에 대량 생산에 성공(최종적으로는 400만 정 이상 생산됐다고 알려져 있다), 영국군은 괴멸에 가깝던 보병용 장비를 다시 갖출 수 있었다. 이것이 대전 후기, 영국군의 반격으로 이어질 수 있었다는 것을 생각한다면, 연합국의 승리에 크게 공헌한 명총이라 할 수 있을 것이다.

스텐 Mk-2 토이건 DATA

AGM
STEN Mk.2 전동건

AGM의 STEN Mk.2 전동건은 스텐 특유의 임팩트 넘치는 외관을 완전 재현한 제품이다. 손잡이는 보이는 인상 그대로 그다지 쥐기 편한 느낌이 아니지만, 실물부터 이런 디자인이니 어쩔 도리 없는 일일 것이다. 물론 탄창도 실제 총과 마찬가지로 총몸 좌측으로 돌출되어 있다. (실물은) 탄창을 쥐고 쏘면 작동 불량이 발생했다고 알려져 있지만, 이 모델은 서바이벌 게임 중에는 여기를 쥐고 안정된 사격 자세를 취할 수 있다. 또한 탄창 삽입구는 회전시켜 아래쪽으로 돌릴 수도 있다(실총에서는 이것이 안전장치를 대신했다). 겉모습에서의 임팩트뿐만 아니라 세세한 부분까지 충실히 재현한 모델로, 필드에서는 들고 있는 것만으로도 충분히 눈에 띌 것임에 틀림없을 것이다.

■ 중량 : 2,360g
■ 장탄수 : 55발
■ 가격 : 35,200엔
■ 문의처 : UFC

조악했지만 영국을 구한 급조소총기

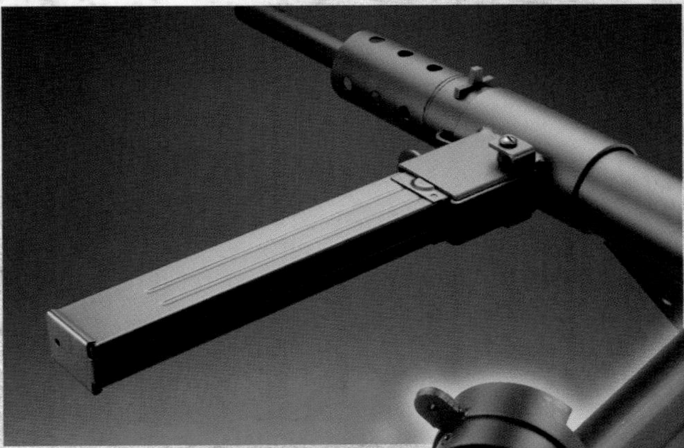

탄창은 총몸 좌측에서 삽입한다. 전방손잡이 대신 쥘 수도 있기는 하지만 장전 불량의 원인이 되기에 그리 추천되지는 않았다. 이렇게 총몸 좌측으로 탄창을 넣는 스타일은 후에 영국군에서 채용한 기관단총인 스털링에 이어졌다.

생산성을 가장 중시한 결과, 흡사 '뒷마당 철공소'에서 뚝딱뚝딱 만들어낸 듯한 모양새가 되어버렸다. 하지만 의외로 열악한 환경에서의 내구성과 집탄성이 우수했다고 한다.

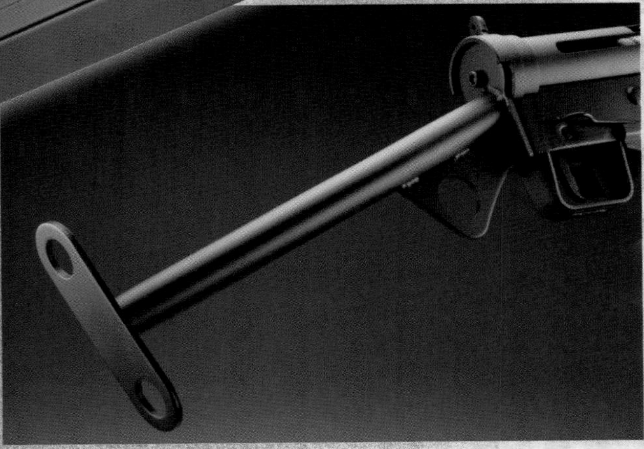

개머리판과 손잡이라 하기에는 너무도 간결한 디자인. 실제로는 다루기가 좀 불편했다고 전해지나, 이조차도 없는 것보다는 나았을 것이다.

■사용탄약 : 9mm X 19탄
■전장 : 760mm
■중량 : 3,180g
■장탄수 : 32발

※소개 사진은 AGM의 'STEN Mk.2 전동건'을 촬영한 것입니다.

≫ MG42

MG42는 독일군이 채용한 다목적 기관총으로, 다목적 기관총이란 부품 교환 등을 통해 거점 방위용 중기관총부터 개인이 휴대할 수 있는 경기관총까지 어느 쪽으로도 운용이 가능한 기관총을 말한다. 전신이라 할 수 있는 MG34 기관총의 제조 단가를 보다 낮추는 방향으로 설계됐는데 그 결과, 제조 비용을 MG34의 절반 수준까지 낮출 수 있었다고 한다. 롤러 지연 노리쇠 방식이라고 하는 단순하면서도 견고한 작동 방식을 채택한 덕분에 대단히 터프한 총기로 완성된 MG42는 여러 전장에서 활약할 수 있었다. 분당 1,200발이라고 하는 높은 연사 성능도 특징이었는데, 천을 찢는 듯한 발사음으로 인해 '히틀러의 전기톱'이라는 별명을 얻으며 두려움의 대상이 됐다.

전후에는 사용탄을 NATO 표준탄인 7.62mmX51탄으로 변경하고 부분적인 개수를 실시한 모델인 MG1, MG2, MG3가 유럽을 중심으로 사용되기도 했다. 80년 가까이 지난 지금도 현역의 자리를 지키고 있는 우수한 범용 기관총이라 하겠다.

MG42 토이건 DATA

S&T
MG42 풀메탈 전동건

S&T의 MG42는 풀메탈에 목제 개머리판이라는 리얼리티 넘치는 사양으로 만들어져, 무게도 7kg나 되는 중량급 제품이다. 하지만, 실물은 이보다 훨씬 무거우니 이 정도는 애교로 생각하자. 장대한 크기 때문에 상자를 열면 분해된 상태로 포장되어 있으며, 구입 후 직접 조립을 해야 하는 등, 상급자용이라는 인상이 강하지만, 완성하고 나면 다른 제품에서는 느낄 수 없는 만족감을 즐길 수 있다. 성능 면에서도 기관총다운 면모를 보여주는데, 동봉된 드럼 탄창은 장탄수가 2,500발이나 되기에 탄막을 펼치기에 부족함이 없다. 실물이 그랬듯 거점 방어용으로 사용한다면 크게 활약할 것임에 틀림이 없을 것이다.

- ■중량 : 7,100g
- ■장탄수 : 2,500발
- ■가격 : 107,800엔
- ■문의처 : UFC

연합군을 공포로 몰아넣은 「전기톱」

장전손잡이는 확실한 조작을 위해 T자 모양을 하고 있다.

장대한 이미지이지만, 탄창을 제거하면 의외로 가늘고 긴 모습이다.

노리쇠 좌우로 원형의 롤러가 설치된 롤러 지연 노리쇠 방식은 이물질이 들어오는 것을 막고, 높은 신뢰성을 실현한 것에 그치지 않고, 분당 1,200발이라는 높은 발사속도까지 가능하게 했다. 원형을 만든 것은 폴란드였다고도 알려져 있으나, 이를 완성시킨 것은 독일의 기술력이었다. 전후의 HK도 이 경험을 살려나갔다.

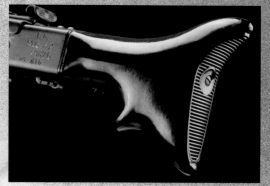

개머리판은 물고기 꼬리 모양으로, 미끄럼방지용 홈이 개머리판에 직접 새겨져 있다. 전쟁 후기에는 자재부족으로 대다수의 개머리판은 나무로 만들어졌다.

- 사용탄약 : 7.92mm X 57 마우저탄
- 전장 : 1,220mm
- 중량 : 11,600g
- 장탄수 : 50발(드럼 탄창 사용 시)

》》제2차 세계대전의 권총과 구 시대의 권총에 대하여

위 사진은 1897년의 총포상에서 낸 카탈로그다. S&W 모델3이 11엔(현재의 금액으로 따지면 약 220만원 전후)로 구입 가능했던 모양이다.

지금으로부터 100년 전의 일본에서는 총을 비교적 쉽게 구할 수 있었다. 태평양 전쟁 이전까지는 총포나 도검의 규제도 그리 엄격하지 않았기에 일정 조건만 만족시킨다면 일반인이라도 권총이나 산탄총을 총포상에서 구매하여 소유할 수 있었는데, 일본에서의 총기 수요는 매우 많았고, 옛 무가 집안의 사람이 도검 패용 문화의 잔재처럼 몸에 지니거나 멋 또는 과시를 위해 외국산 고급 권총을 군인들이 허리에 차고 다니는 등의 일본 특유의 총기 문화가 자리를 잡기 시작했던 듯하다.

태평양 전쟁이 종결되고, GHQ가 일본을 통치하게 되면서, 총기 규제가 엄격해졌는데, 1958년에 일본의 현행 총기도검법이 시행되면서 일반인들이 권총을 소지하는 것은 위법이 됐다. 현재는 세계적으로도 특히 엄격한 총기 규제가 실시되고 있는 일본이지만, 불과 100년 전에는 상당히 다른 모습이었던 모양이다.

우체국 직원도 무장을 하고 있었다고?!

우정(郵政) 보호총이라는 명목으로 정부에서 대여된 S&W No.2 리볼버 권총. 우편 집배원은 이 총의 휴대가 의무였는데, 부주의한 발포는 엄히 금지되어 있었다.

PHOTO : 일본 우정 박물관

일본의 우정 민영화가 가결되기 이전, 우편 집배원은 국가공무원이었다. 현대와 달리 인터넷이나 전화회선이 없었던 메이지 시대(1868~1912년)에는 편지를 우편으로 배달하는 것이 가장 일반적인 원거리 통신 수단이었기에, 친구 사이의 서간이나 비즈니스 업무 연락까지 대단히 많은 우편물이 일본 국내를 돌아다니고 있었다.

이러한 우편물 중에는 상점의 결제나 취업으로 고향을 떠난 이들의 송금과 같은 현금 서류도 많았기에 다액의 현금을 배달하는 것은 우체국의 주요 업무 중 하나였다. 따라서 금전의 강탈을 목적으로 우편 집배 중이던 집배원을 습격하는 강도 사건이 다수 발생하면서, 1873년에는 '단

총취급규칙'이 발령되어 집배원들은 6연발 회전식 총을 정부로부터 대여받아 상황에 따라 사용할 것을 허가받았다. 실제로 집배원들이 강도에 대처하여 발포한 사례가 몇 건 보고되어 있는데, 당시 우편 집배원들이 어떤 위험을 무릅쓰고 있었는지 잘 알 수 있다.

적과 아군 모두에게 인기였던 루거 P08

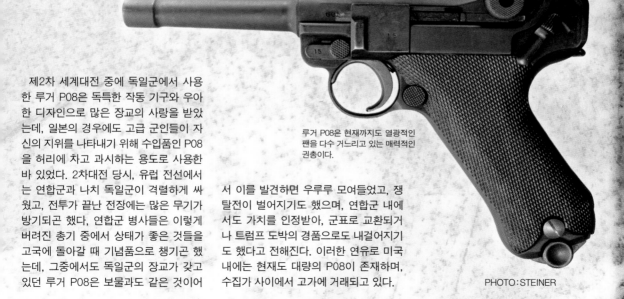

제2차 세계대전 중에 독일군에서 사용한 루거 P08은 독특한 작동 기구와 우아한 디자인으로 많은 장교의 사랑을 받았는데, 일본의 경우에도 고급 군인들이 자신의 지위를 나타내기 위해 수입품인 P08을 허리에 차고 과시하는 용도로 사용한 바 있었다. 2차대전 당시, 유럽 전선에서는 연합군과 나치 독일군이 격렬하게 싸웠고, 전투가 끝난 전장에는 많은 무기가 방기되곤 했다. 연합군 병사들은 이렇게 버려진 총기 중에서 상태가 좋은 것들을 고국에 돌아갈 때 기념품으로 챙기곤 했는데, 그중에서도 독일군의 장교가 갖고 있던 루거 P08은 보물과도 같은 것이어

루거 P08은 현재까지도 열광적인 팬을 다수 거느리고 있는 매력적인 권총이다.

서 이를 발견하면 우루루 모여들었고, 쟁탈전이 벌어지기도 했으며, 연합군 내에서도 가치를 인정받아, 군표로 교환되거나 트럼프 도박의 경품으로도 내걸어지기도 했다고 전해진다. 이러한 연유로 미국 내에는 현재도 대량의 P08이 존재하며, 수집가 사이에서 고가에 거래되고 있다.

PHOTO : STEINER

≫≫ 토카레프 TT33

※소개 사진은 KSC의 'TT33 헤비웨이트'를 촬영한 것입니다.

토카레프는 소련에서 개발된 권총으로, 토카레프라는 이름은 설계자인 표도르 토카레프의 이름에서 따온 것이다. 토카레프는 사격 능력의 확보와 생산성의 향상에 주안을 두고 개발됐는데, 소련의 혹독한 환경에서도 문제없이 작동되는 신뢰성을 지니는 한편으로, 생산성을 확보하기 위해 안전장치를 일절 달지 않는 좀 극단적인 모습으로 완성됐다. 때문에 불의의 오발사고를 예방하기 위해서는 초탄을 장전하지 않고 휴대하는 것 말고 다른 수단이 없었다.

탄약은 독일의 마우저 C96 권총에 사용되는 7.63mmX25탄을 원형으로 하는 7.62mmX25탄을 사용했다. 이 탄약은 권총탄이면서도 초속이 빠르고, 어느 정도의 방탄복도 관통할 수 있었는데, 바로 이 탄의 위력과 본체의 저렴함에 힘입어 세계 각지의 무장 세력이나 범죄 조직에 널리 퍼질 수 있었다. 단순한 구조 덕분에 복제가 다수 만들어졌는데 일본의 경우, 폭력단이 이러한 복제품을 손에 넣을 수 있었으며, 드라마 등에서도 자주 등장했기에 총기 마니아가 아니더라도 '토카레프'라는 이름쯤은 들어본 사람이 많다고 한다.

- 사용탄약 : 7.62mmX25 토카레프탄
- 전장 : 195mm
- 중량 : 854g
- 장탄수 : 8발

토카레프 토이건 DATA

KSC
TT33 헤비웨이트

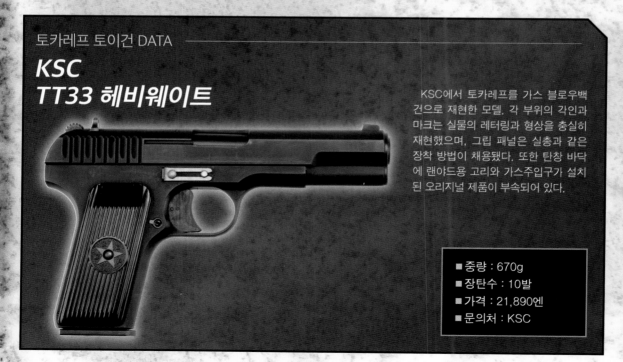

KSC에서 토카레프를 가스 블로우백 건으로 재현한 모델. 각 부위의 각인과 마크는 실물의 레터링과 형상을 충실히 재현했으며, 그립 패널은 실총과 같은 장착 방법이 채용됐다. 또한 탄창 바닥에 랜야드용 고리와 가스주입구가 설치된 오리지널 제품이 부속되어 있다.

- 중량 : 670g
- 장탄수 : 10발
- 가격 : 21,890엔
- 문의처 : KSC

≫ 루거 P08

※소개 사진 일부는 다나카의 '루거 P08 4인치
HW "1918 Erfurt" 버전'을 촬영한 것입니다.

루거 P08은 독일에서 개발된 자동권총으로, 게오르그 루거라는 기술자가 설계, 1908년에 독일 육군의 제식 권총으로 채용됐으며, '루거', '08'이라는 명칭은 바로 여기에서 연유한 것이다. 루거는 명중률을 가장 중시하여 설계됐는데, 각 부품 단위로도 대단히 높은 가공 정밀도를 자랑했고, 실제로 1938년에 P38이 채용되어 루거를 대체하기 시작했음에도 자비로 구입하면서까지 계속해서 P08을 사용하려 했던 장병들도 있었던 것을 본다면 그 성능이 얼마나 우수했는지 알 수 있을 것이다.

가장 큰 특징이라면 '토글 액션'이라 불리는 작동 방식인데, 사격할 때마다 총 몸 윗면의 판이 산 모양으로 꺾여 올라간 모습을 보고 '자벌레'라는 별명이 붙기도 했다. 이 토글 액션이라는 작동 방식은 현대에 들어와서 거의 찾아볼 수 없게 됐으나, 예술품과도 같은 아름다운 모습이란 점도 어우러져, 현재도 많은 애호가가 있는 권총이다.

- ■사용탄약 : 9mm X 19탄
- ■전장 : 220mm
- ■중량 : 870g
- ■장탄수 : 8발

루거 P08 토이건 DATA

다나카
루거 P08 4인치 HW
"1918 Erfurt" 버전

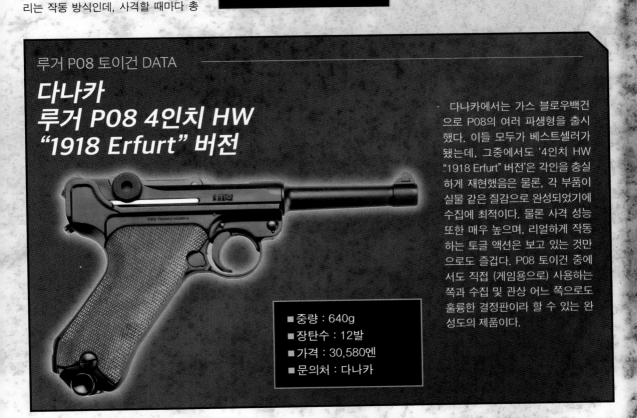

다나카에서는 가스 블로우백건으로 P08의 여러 파생형을 출시했다. 이들 모두가 베스트셀러가 됐는데, 그중에서도 '4인치 HW "1918 Erfurt" 버전'은 각인을 충실하게 재현했음은 물론, 각 부품이 실물 같은 질감으로 완성되었기에 수집에 최적이다. 물론 사격 성능 또한 매우 높으며, 리얼하게 작동하는 토글 액션은 보고 있는 것만으로도 즐겁다. P08 토이건 중에서도 직접 (게임용으로) 사용하는 쪽과 수집 및 관상 어느 쪽으로도 훌륭한 결정판이라 할 수 있는 완성도의 제품이다.

- ■중량 : 640g
- ■장탄수 : 12발
- ■가격 : 30,580엔
- ■문의처 : 다나카

≫ 마우저 C96

※소개 사진은 ARMORER WORKS의 '마우저 M712 페이크우드'를 촬영한 것입니다.

마우저 C96은 독일의 총기 제조사 마우저에서 개발한 대형 자동권총이다.

손잡이 전방에 탄창이 위치하는, 마치 돌격소총의 기관부만을 뚝 잘라낸 듯한 디자인이 특징으로, 후에 7.62mm 토카레프탄의 원형이 된 7.63mmX25탄을 사용한다. 장전 방법은 볼트액션 소총과 비슷하게 탄창 위쪽에서 클립(삽탄자)에 물린 탄약을 밀어 넣는 방식으로, 기본적으로는 탄을 전부 소모하기 전에는 재장전이 불가능(슬라이드를 손으로 억지로 고정한 다음, 1발씩 장전하는 방법이 있기는 함)하다.

토카레프와 마찬가지로 초속이 빠른 탄약을 사용하기에 관통력이 높았고, 아직 당시에는 권총의 탈착식 탄창의 신뢰성이 낮았기에 독일은 물론, 이탈리아와 프랑스, 튀르키예 등의 군에서도 사용되었다.

권총집을 겸하는 탈착식 개머리판이 부속된 기본형 외에, 파생형으로 탈착식 탄창을 사용하며 완전자동사격 기능을 갖춘 M712(미국의 대리점에서

붙인 모델명으로, 마우저의 상품명은 슈넬포이어)가 존재하는데, 이것으로 카빈이나 기관단총과 같은 운용도 염두에 뒀다는 것을 알 수 있다. 제2차 세계대전 중에는 독일군 공수부대에서 강하 시에 사용했다고도 전해진다.

■사용탄약 : 7.63mmX25탄	
■전장 : 308mm	
■중량 : 1,110g	
■장탄수 : 10발	

마우저 C96 토이건 DATA

ARMORER WORKS
마우저 M712 페이크우드

마우저 밀리터리(군용으로 사용된 마우저 권총) 중에서도 반자동과 자동 사격을 선택할 수 있는 마우저 M712 권총을 총 본체를 수납 가능한 홀스터 스톡과 함께 재현한 제품. 인기와 지명도는 높지만 에어건으로는 제품화된 사례가 적은 마우저 밀리터리를 재현한 귀중한 아이템이다.

■중량 : 1,240g	
■장탄수 : 26발	
■가격 : 25,300엔	
■문의처 : UFC	

엔필드 No.2

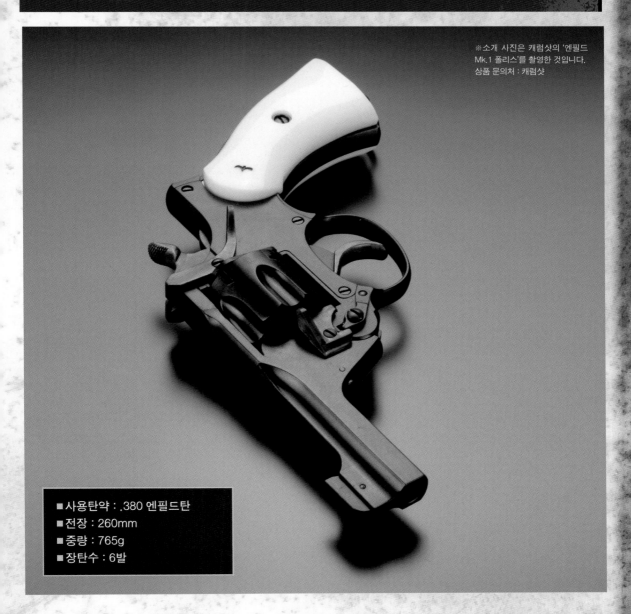

※소개 사진은 캐럼샷의 '엔필드 Mk.1 폴리스'를 촬영한 것입니다.
상품 문의처 : 캐럼샷

- 사용탄약 : .380 엔필드탄
- 전장 : 260mm
- 중량 : 765g
- 장탄수 : 6발

엔필드 No.2는 제2차 세계대전 중에 영국의 엔필드 조병창에서 개발한 리볼버 권총이다. 잘 알려진 리볼버 권총 대다수가 스윙 아웃방식(실린더가 옆으로 나오는 방식)을 채용한 것과 달리, 이 No.2는 중절식이라는 기구가 채용됐는데, 이것은 실린더 앞쪽에서 총을 꺾어, 실린더를 노출시킴과 동시에 탄피의 배출이 이뤄지는 구조다. 스윙 아웃 방식보다 구조가 취약하기에 위력이 강한 탄약을 사용할 수 없

지만, 신속한 배출과 재장전이 가능하다는 이점이 있다.

원래는 영국의 총기 제조사인 웨블리&스콧에서 개발한 웨블리 리볼버를 원형으로 개발된 것이지만, 영국군에서는 No.2 리볼버를 엔필드 조병창에서 독자 개발한 것이라 공표했는데, 당연히 웨블리&스콧에서는 가만히 있지 않았고, 법정 분쟁으로까지 전개됐다는 배경을 갖고 있다.

이러한 문제가 있었음에도, 영국군에서

는 종전 후에도 상당히 오랜 기간 제식으로 사용했으며, 독특한 구조와 스마트한 디자인으로 많은 팬이 존재한다. 총몸을 꺾었을 때 탄피가 튀어나오는 모습이 멋지게 보이기에 각종 미디어 작품에 출연할 기회도 많은 No.2 리볼버는 앞으로도 오래 회자될 명총 가운데 하나임에 틀림없을 것이다.

특수무기
제2차 세계대전편

이번 항목에서는 2차 대전을 주제로 한 작품에 자주 등장하는 특수무기 중에서, 대전차무기로 판처파우스트(휴대식 무반동포)와 화염병(몰로토프 칵테일), 백병전에 사용된 야삽, 그리고 진지 제압 등의 용도로 사용된 화염방사기에 대해 소개해볼까 한다.

≫ 판처파우스트

마치 곤봉처럼 생긴 이 무기는 제2차 세계대전 후기에 주로 독일군이 사용한 1회용 대전차무기로, '판처파우스트('Panzer'는 전차, 'Faust'는 주먹을 의미한다)'라는 이름으로 잘 알려져 있다. 독일군의 휴대식 대전차무기로는 보다 성능이 우수한 '판처슈레크(Panzerschreck)'도 있는데, 전황 악화로 인해 물자와 숙련병 부족에 시달리던 대전 후기의 독일군은 저비용으로 제조 가능하며, 최소한의 훈련만으로도 다룰 수 있는 무기를 필요로 했고, 이러한 요구에 따라 만들어진 것이 바로 판처파우스트였다.

흔히 말하는 로켓발사기가 아니라 무반동포로 분류되는 판처파우스트는, 발사할 때 흑색화약을 장약으로 사용하며, 발사

폭풍을 후방으로 분출해서 반동을 상쇄, 손에 든 채로도 사용할 수 있도록 만들어졌다. 또한, 발사관은 기본적으로 1회용이었지만, 회수하여 수리를 거치면 재사용하는 것도 가능했다. 판처파우스트는 여러 파생형이 존재했는데, 표준형인 판처파우스트 100은 사거리가 100m였다. 하지만 탄속이 느리고 바람의 영향을 받기 쉬운 데 더해 포물선을 그리는 탄도로 인해 대전차포와 같은 명중률은 기대하기 어려웠다. 탄두는 성형작약탄으로, 명중 시에는 메탈 제트가 발생, 200mm 두께의 장갑을 관통할 수 있었다. 이것은 당시의 연합군에서 사용하던 전차 대부분을 격파할 수 있는 위력이었으나, 실제로는

상당히 가까운 거리까지 접근하지 않으면 명중시키기 어려웠기에 적 전차를 격파하고 생환까지 하려면 상당한 경험과 배짱이 필요했다. 하지만, 간단한 구조에 대량 생산이 가능한 데 더해 보병 혼자 떨어진 거리에서 전차를 격파할 수 있는 무기가 등장했다는 것 자체가 획기적인 일로, 연합군 입장에서는 상당히 심각한 위협으로 받아들였다. 대전 이후에 소련에서 개발된 RPG 시리즈나 독일에서 개발된 판처파우스트 3 등은 바로 이것의 영향을 받은 결과물이라 할 수 있다.

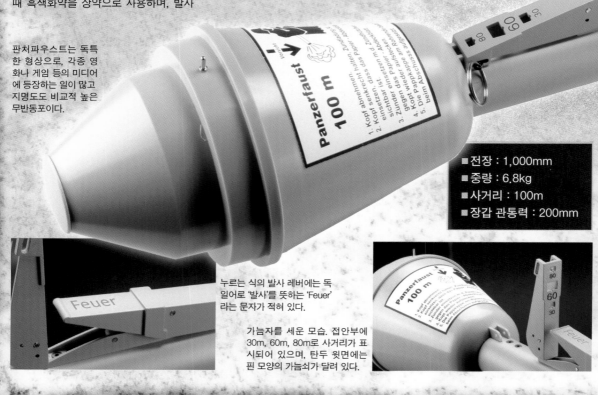

판처파우스트는 독특한 형상으로, 각종 영화나 게임 등의 미디어에 등장하는 일이 많고 지명도도 비교적 높은 무반동포이다.

- 전장 : 1,000mm
- 중량 : 6,8kg
- 사거리 : 100m
- 장갑 관통력 : 200mm

누르는 식의 발사 레버에는 독일어로 '발사'를 뜻하는 'Feuer'라는 문자가 적혀 있다.

가늠자를 세운 모습. 접안부에 30m, 60m, 80m로 사거리가 표시되어 있으며, 탄두 윗면에는 핀 모양의 가늠쇠가 달려 있다.

ARROW DYNAMIC
판처파우스트 100 가스 론처

독일군이 제2차 세계대전 후반에 사용한 판처파우스트는 구조가 간단하면서도 위력이 강해, 연합군 전차병들을 공포에 떨게 했다. 파이프 모양의 포신과 끝부분에 장착된 탄두에는 누구라도 쉽게 알 수 있도록 일러스트를 곁들인 취급 설명이 기재되어 있어, 대전 말기의 국민돌격대나 히틀러 유겐트와 같은 미숙련병들도 어떻게든 다룰 수 있었다.
(※사진은 애로우 다이내믹스의 판처파우스트 100 가스 론처를 촬영한 것입니다.)

- ■전장 : 1,000mm
- ■중량 : 2,100g(본체 중량. 카트리지 미포함)
- ■가격 : 오픈
- ■문의처 : 킨와

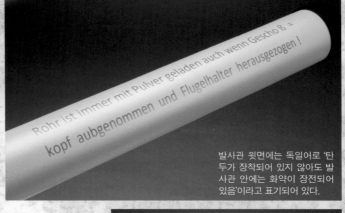

발사관 윗면에는 독일어로 '탄두가 장착되어 있지 않아도 발사관 안에는 화약이 장전되어 있음'이라고 표기되어 있다.

발사관 전방에는 가늠자와 발사 레버가 부속되어 있으며, 발사할 때에는 가늠자 뿌리 부분에 있는 안전핀을 뽑는다.

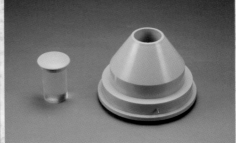

40mm 그레네이드 카트는 탄두 앞부분에 장전된다. 실물의 사격 절차와 동일하게 안전핀을 뽑은 다음, 가늠자를 세우고 발사 레버를 누르면 BB탄이 발사된다.

≫ 화염방사기

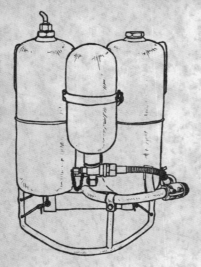

제1차, 그리고 제2차 세계대전에서는 흙이나 콘크리트 등으로 구축된 방어진지와 토치카의 공략이 과제였다. 당시의 진지 공략은 수류탄이나 폭발물을 이용하는 것이 정석이었으나, 기관총 등의 사격을 받아 접근이 곤란한 경우도 있었다. 이에 대한 해결책 가운데 하나로 화염방사기가 사용됐는데, 이것은 압축가스로 분사라는 연료를 점화시켜, 목표를 불태우거나 산소를 빼앗아 질식시키는 것이었다. 화염방사기는 독일군이 1차 대전 중에 사용한 것을 시작으로, 2차 대전 중에도 널리 사용됐다.

특히 미군에서 사용된 M2 화염방사기는 점성이 있는 가연성 물질인 네이팜과 휘발유를 혼합한 연료를 사용했으며, 유효사거리도 종래 모델의 3배 이상인 70m에 달했기에 방어진지의 공략 등에서 많은 전과를 거뒀다. M2 화염방사기는 2개의 연료탱크와 1개의 질소탱크를 조합한 구성으로, 보병이 이를 등에 짊어지고 사용했다. 전방 손잡이의 화염방사 레버를 쥐면 압축 질소의 압력으로 네이팜과 휘발유의 혼합 연료가 호스를 통해 총구 쪽으로 이동하면 점화용 방아쇠를 당겨 불을 붙이고, 총구 끝으로 화염을 방사하는 구조였다,

각 탱크에는 질소의 압력을 조절하는 밸브가 있었으며, 이 밸브를 여닫아 화염의 사거리를 늘이거나 줄일 수 있었다.

제2차 세계대전 중에 미군이 사용한 M2 화염방사기. 화염방사기 본체는 사용하는 병사가 등에 메는 탱크와 호스로 접속된다. 탱크는 압축공기 탱크 1개와 연료탱크 2개로 구성됐다.

M2 화염방사기

화염방사기의 모습. 사진은 미국의 사격 이벤트에서 찍힌 것으로, 화끈한 액션의 화염방사기는 관객들을 크게 열광시킨다.

PHOTO : 사사카와 히데오

≫ 화염병(몰로토프 칵테일)

전장에서는 여러 가지 이유로 인해 보급 물자가 최전선까지 제대로 전달되지 못하는 일이 종종 발생한다. 연료나 식료품, 의약품과 같이 군사 행동에 필요 불가결한 물자까지 부족한 상황을 타개하기 위해 전선의 장병들은 지혜를 짜내 현지의 물자만으로 다양한 대용품을 만들어냈는데, 그 가운데 하나가 바로 화염병이다. 화염병은 빈 병과 연료, 헝겊 조각만 있으면 즉석에서 만들 수 있는 투척무기로, 2차 대전 중에는 전차를 비롯한 차량에 효과적인 무기였기에 널리 사용됐다.

화염병을 흔히 '몰로토프 칵테일'이라 부르기도 하는데, 이것은 1939년에 소련이 핀란드를 침공한 '겨울 전쟁'에서 유래한

것이다. 당시의 소련 외무장관이던 바체슬라프 몰로토프가 국제연맹의 회의석상에서 소련의 무차별폭격에 대해 비난을 받자 '핀란드 사람들을 위해 빵을 투하한 것이다'라고 변명했는데, 이를 비꼬는 의미에서 소련의 폭탄은 '몰로토프의 빵바구니', 그리고 여기에 맞는 마실 것으로 소련 전차에 던지는 화염병을 '몰로토프 칵테일'이라 부른 것이 그 시작으로, 화염병의 대명사가 됐다.

공격 방법은 화염병을 차량의 엔진룸 근처에 던져넣어 인화를 유발시키는 것인데, 잘만 하면 전차를 행동불능에 빠뜨릴 수 있었다. 또한 당시의 기갑 차량이나 병력 수송 트럭 중에는 지붕이 없는 '오픈 톱' 차량이 많았기에, 높은 곳에서 대기하고 있다가 시가지 등을 주행하고 있는 이들 차량에 화염병을 던져넣는 게릴라 전법은 무기가 부족한 군대나 저항 조직 등에서 많이 사용하기도 했다. 하지만 화염병을 사용하려면 상당히 가까운 거리까지 접근해야 했기에 공격자도 위험에 많이 노출됐고, 전차 쪽도 화염병에 대한 대책을 세우게 되면서 그 효과는 많이 줄어들게 됐다.

화염병은 비교적 손쉽게 만들 수 있는 무기이기에, 화염병의 제조 및 사용은 법으로 엄히 금지되어 있다. 또한, 사용되는 연료의 특성에서 알 수 있듯, 대단히 불안정한 무기이고 안정성도 극히 낮기에 까딱 잘못하면 제조하는 쪽이나 사용자가 화염을 뒤집어쓰는 불상사가 발생할 수도 있다. 따라서 흥미본위로 화염병을 만드는 일은 절대 없도록 하자.

≫ 야전삽

제2차 세계대전 중에 사용된 미군의 M1910 야전삽

일반적으로 야전삽은 보병의 필수 휴대 장비품으로 되어 있다. 야전삽은 전선에서 땅을 파서 참호를 만드는 데 쓰는 본래

의 목적에 더해, 지근거리에서의 전투, 즉 백병전에서 타격 무기로도 사용됐다. 특히 소총은 길고 거추장스러워, 참호 안이나 실내에서는 도리어 불리했는데, 야전삽은 휘두르기도 편하고, 삽날 부분은 단단한 철로 만들어져 위력도 그럭저럭 괜찮았기에 백병전에서 애용하는 병사도 많

았다. 또한 삽날 부분은 불 위에 올려둬도 문제 없었기에 프라이팬 대용으로 쓰거나 콩 또는 물에 불린 건조 계란을 데우는 등, 간단한 조리도구로 사용되기도 했는데, 좀 비위생적으로 보일 수도 있겠지만, 잘 씻어서 불 위에 올리면 딱히 문제가 되지 않았다고 한다. 게다가 전투식량은 차가운 채로 먹는 것보다는 역시 데워 먹는 쪽이 사기를 올리는 효과가 있는 법이니 말이다. 이와 같이 보병 장비로서의 야전삽은 도구는 물론, 무기, 그리고 조리기구에 이르기까지, 그야말로 만능 도구라 할 수 있다.

Illustration : 사쿠라바-카큐

127

FPS가 더욱 즐거워지는 총기의 기본

총기의 세계

SMALL ARMS BASICS
for First-person shooter

STAFF

표지 모델
森本竜馬

사진
SHIN
STEINER
櫻井朋成
笹川英夫
須田 壱
玉井久義

일러스트
サクラバ火Q(사쿠라바-카큐)

집필
マスターチーフ(마스터 치프)

디자인웍스
内田正晴(WHEELERS)
大里奈津美(WHEELERS)
小林厚二

편집
葛西俊和
田中建多郎
中嶋 悠

초판 1쇄 인쇄 2023년 5월 10일
초판 1쇄 발행 2023년 5월 15일

저자 : 하비재팬 편집부
번역 : 오광웅

펴낸이 : 이동섭
편집 : 이민규
디자인 : 조세연
영업·마케팅 : 송정환, 조정훈
e-BOOK : 홍인표, 최정수, 서찬웅, 김은혜, 정희철
관리 : 이윤미

㈜에이케이커뮤니케이션즈
등록 1996년 7월 9일(제302-1996-00026호)
주소 : 04002 서울 마포구 동교로 17안길 28, 2층
TEL : 02-702-7963~5 FAX : 02-702-7988
http://www.amusementkorea.co.kr

ISBN 979-11-274-6167-6 03390

FPS ga Motto Tanoshiku Naru! Juuki no Kihon
©HOBBY JAPAN
Originally Published in Japan in 2022 by HOBBY JAPAN Co. Ltd.
Korea translation Copyright©2023 by AK Communications, Inc.

SMALL ARMS BASICS
for First-person shooter

FPS가 더욱 즐거워지는 총기의 기본

총기의 세계

03390

AK HOBBY BOOK

가격 19,800원

9 791127 461676
ISBN 979-11-274-6167-6

ULTIMATE PIXEL CREW REPORT*

픽셀아트 배경 그리는 법

트 초보자부터 전문가까지

ELARTIST: APO+ / MOTOCROSS SAITO / SETAMO

HOBBY BOOK

*ULTIMATE PIXEL CREW REPORT*

APO+
아포+

세타모
SETAMO

모토크로스 사이토
MOTOCROSS SAITO

ULTIMATE PIXEL CREW REPORT

픽셀아트 배경 그리는 법
도트 초보자부터 전문가까지

CONTENTS